AF536879

Göran Seyfarth
Barbara Gerlach

50 sagenhafte Naturdenkmale im Harz

Bäume · Berge · Höhlen · Klippen · Wasserfälle

Göran Seyfarth · Barbara Gerlach

50 sagenhafte Naturdenkmale im Harz

Bäume · Berge · Höhlen · Klippen · Wasserfälle

steffen verlag

Übersichtskarte

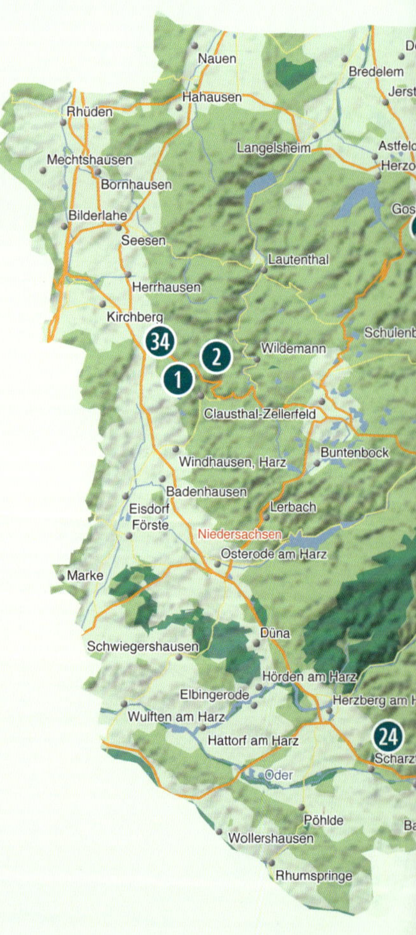

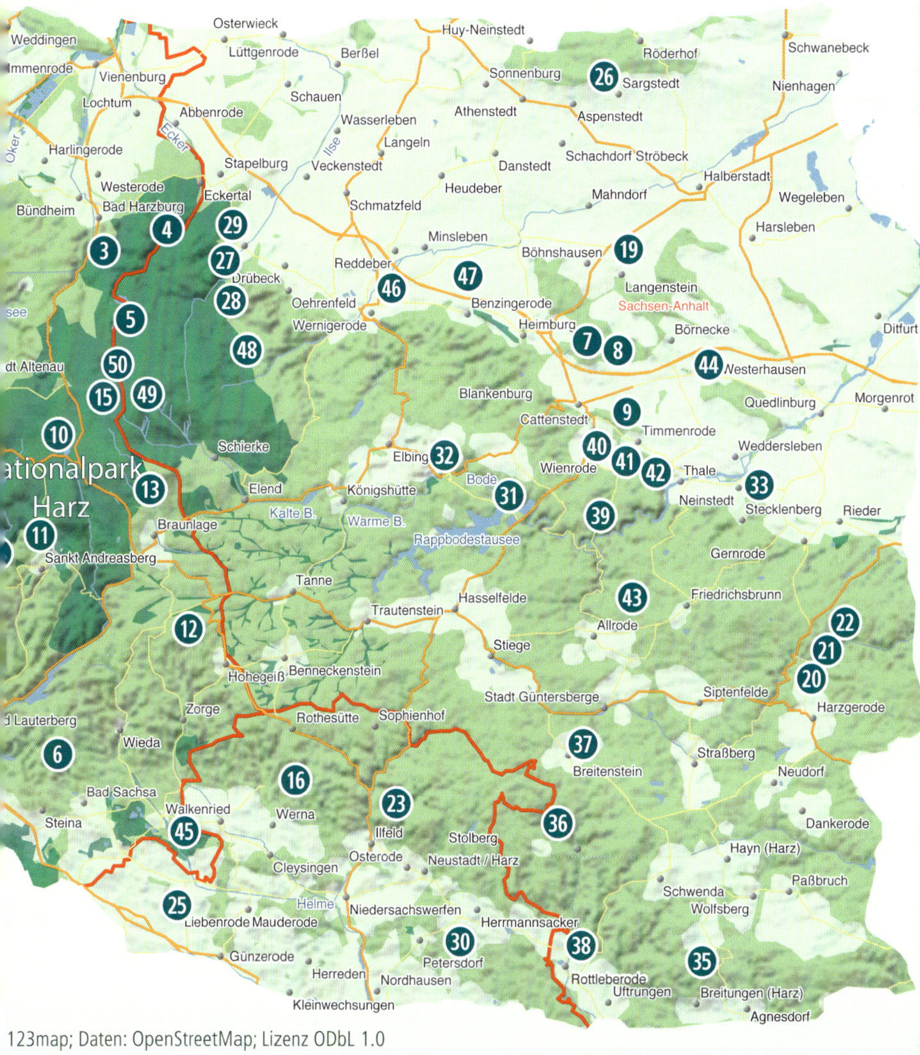

123map; Daten: OpenStreetMap; Lizenz ODbL 1.0

Inhaltsverzeichnis

Die Bode bei Braunlage

Vorwort

Der Harz ist voller Rätsel. Die Höhe des Brockens zum Beispiel wirkt auf den ersten Blick nicht rekordverdächtig. Doch in östlicher oder westlicher Richtung kann auf Tausenden Kilometern keine Erhebung auch nur annähernd mit seinen 1.141 Höhenmetern mithalten. Selbst nordwärts bleibt es bis zum Südteil der skandinavischen Halbinsel relativ flach.

Bereits in der Steinzeit lebten im Harz Menschen. Die damaligen Bewohner hinterließen Spuren, deren Enträtselung sich nicht immer einfach gestaltet. Da das menschliche Leben nie frei von Konflikten und Spannungen ist, kam es auch im Harz immer wieder zu Auseinandersetzungen, zu Kämpfen um Vorherrschaft und Macht. Grenzen verschoben sich, alte Herrscher wurden besiegt und vertrieben, die Sieger wiederum wurden zu neuen Herrschern. Manches über Generationen gewachsene Alltägliche, mancher Brauch erschien den Neuen aus der Fremde ungewohnt. Fremdes, Unbekanntes wirkt meist rätselhaft und bietet seit jeher den Stoff für Mythen und Sagen, die bis heute weitergetragen werden. Und so war das Gebirge bald voller Hexen, Teufel, Geister und Kobolde – zumindest in den Märchen, die sich die Menschen über den Harz und den Brocken erzählten. Manch unerklärliche, rätselhafte Erscheinung der Natur erhielt dadurch einen scheinbar plausiblen Hintergrund.

Die Naturdenkmale, die in diesem Buch vorgestellt werden, zeichnen sich dadurch aus, dass sie eine Geschichte erzählen, dass sie durch ihre Schönheit faszinieren oder ganz besonders rätselhaft erscheinen. Die Zuordnung der Naturdenkmale zu Städten und Gemeinden ist oft nicht eindeutig. Einer der Gründe dafür ist, dass es im Harz mehrere hundert Quadratkilometer gemeindefreie Gebiete, also Flächen, die keiner Siedlung zuzuordnen sind, gibt. Diese Besonderheit steht

Im Gebiet der Eckertalsperre

im Zusammenhang mit Gebietsreformen im 20. Jahrhundert, aber auch mit dem Bergbau. Die Ortsbezeichnungen im Buch geben daher in solchen Fällen die »gefühlte« Nähe an, sagen also zum Beispiel, von welchem Ort aus sich der Felsen, der Baum oder das Gewässer am besten erreichen lässt. Einige Ortsnamen mögen selbst für Ortskundige etwas rätselhaft wirken. Um dem Navigationsgerät Ihres Autos die Arbeit zu erleichtern, gibt das Buch die bei der letzten Verwaltungsreform festgelegten Gemeindenamen an. Manchem werden die Namen der Großgemeinden und Verwaltungsgemeinschaften wenig sagen. Die oftmals bekannteren Namen der Ortsteile findet man nach wie vor an Straßenschildern und Bahnhöfen. Das mag selbst bei Walburga, Luzifer und ihren Gefährten für Verwirrung sorgen.

In der vom Bergbau geprägten Region spielt der Fremdenverkehr eine wichtige Rolle. Touristen kamen schon in die Region, als es noch gar keinen Tourismus gab. Heinrich Heine und Johann Wolfgang von Goethe waren zwei der bekanntesten Reisenden. Letzterer versuchte Rätsel zu lösen – und schuf neue. Die Verse im *Faust* sind nicht weniger rätselhaft als die Felsgebilde der Kästeklippen.

Auch Ihnen wird es vermutlich nicht gelingen, alle Rätsel des Harzes zu lösen. Versuchen Sie es gar nicht erst und nehmen Sie sich lieber Zeit, die vorgestellten Naturdenkmale zu bestaunen – und viele weitere zu entdecken.

Hübichenstein

Im Reich des Grunder Schutzpatrons

Bad Grund

❶ Die erste Station auf unserer Reise ist Bad Grund. Die rund 8.000 Einwohner zählende sogenannte Einheitsgemeinde wurde aus sechs historisch gewachsenen Ansiedlungen per Verwaltungsakt zusammengefügt. Der mit über 2.000 Einwohnern größte und namensgebende Ortsteil verdankt seinen relativen Wohlstand dem seit Jahrhunderten betriebenen Erzbergbau. Die verbliebenen stillgelegten Schachtanlagen rund um Bad Grund erinnern als stumme Zeugen an die Geschichte. Die Menschen achten die Natur um ihren Ort. Über Generationen klopften die Bergleute in mühevoller Arbeit im rauen Klima der Harzer Bergwelt Eisen, aber auch beispielsweise Blei und Zink aus dem Fels. Für die Schätze, die den Knappen und ihren Familien das Überleben sicherten, dankte man dem sagenhaften Hübich, der seine schützende Hand über Grund, die älteste der sieben Oberharzer Bergstädte, hielt. Um in das ehemalige Reich jenes Zwergenkönigs Hübich zu gelangen, folgen wir der B244 von Bad Grund aus rund anderthalb Kilometer in nördliche Richtung bis zu einem Abzweig.
Von dort sind es nur wenige Meter zu Fuß bis zum Hübichenstein. Der markante Felsen mit den beiden Gipfelnadeln ist der Rest eines urzeitlichen Korallenriffs. Auch hier wurde nach nutzbringenden Erzen gesucht, bei genauerer Betrachtung findet man Spuren von bergbaulichen Erkundungen früherer Jahrhunderte. Offensichtlich zollten die Bergbaupioniere von einst dem sagenhaften Zwergenkönig wenig Respekt. Denn Hübich soll

Hübichenstein – Heimat eines sagenhaften Wesens

genau hier residiert haben, hinter einer der zahlreichen Felsspalten des Hübichensteins soll sich der Eingang zu seinem unterirdischen Reich befunden haben.

Der Schriftsteller Christoph Ferdinand Heinrich Pröhle veröffentlichte seine gesammelten Harz-Sagen im Jahr 1859. In seinem Buch finden sich einige wundersame Episoden, die die alten Grunder Einwohner einst ihren Enkeln an kalten Winterabenden am wärmenden Ofen erzählt haben mögen. So wird über den Zwergenkönig Hübich nur wohlwollend berichtet. Der kleinwüchsige Bartträger mit dem runzligen Gesicht soll den Menschen stets Gutes getan haben, solange sie seine Privatsphäre respektierten und von der Besteigung seines Felsen absahen. Ein junger, wohl etwas übermütiger Förster aber hörte nicht auf die Warnung und kletterte dennoch hinauf. Der Zwergenkönig wurde wütend und verhinderte mit einem nicht näher bekannten Zauber, dass der Förster den Gipfel wieder verlassen konnte. Sein Vater hörte davon und eilte rasch zum Felsen. Als er seinen Sohn am Berg festgesetzt fand, war er zutiefst betrübt. Seine Verzweiflung ging so weit, dass er ernsthaft erwog, dem Leiden seines Sohnes durch einen Todesschuss ein Ende zu setzen. Nun hatte Hübich Mitleid, löste den jungen Mann vom Gestein und handelte mit ihm und seinem Vater einen Vertrag aus. Die beiden sollten fortan Menschen am Betreten des Felsen hindern und zudem dafür sorgen, dass in der Umgebung keine Vögel mehr gejagt wurden. Hübich befürchtete, durch verirrte Kugeln könnten Beschädigungen am Felsen entstehen. Der Vertrag wurde besiegelt, die Förster erhielten einen Silberschatz. Einen Teil dieses Vermögens – so die Sage – spendete der einst übermütige Sohn an die Stiftung der St. Antonius Kirche.

Der auf dem Gipfel festsitzende Adler hingegen wurde nicht wegen regelwidriger Landung auf dem Felsen vom Zwergenkönig versteinert. Der majestätische, von der Felsspitze übers Land blickende Bronzevogel ist ein Überbleibsel des 1897 errichteten Kaiser-Wilhelm-Denkmals. Der damalige Bürgermeister von Grund regte die Anbringung eines Monuments für den Monarchen an. Relief und Adler wurden

Bitte Vorsicht beim Aufstieg

durch mehr oder weniger freiwillige Spenden finanziert und in einer Eisengießerei im Ort gefertigt. Das Konterfei von Wilhelm I. wurde kurze Zeit nach dem Ende der Monarchie zerstört, einzig der Adler mit rund drei Metern Flügelspannweite thront noch auf dem Gipfel.

Auf die kleinere der beiden Felsnadeln führt eine Treppe. Der Aufstieg erfordert geeignete Schuhe, etwas Geschick und ein hohes Maß an Aufmerksamkeit. Für die Mühe entschädigt wird man mit einem Blick über die Umgebung und nicht zuletzt auf den Rücken des Bronzeadlers. Den Zorn des Zwergenkönigs Hübich braucht indes niemand mehr zu fürchten. Im Dreißigjährigen Krieg sollen Soldaten im Übermut und ohne militärische Notwendigkeit den Felsen beschossen haben. Infolge dessen brach vom Gipfel so viel Gestein ab, dass die ehemals höhere der beiden Felsnadeln zur kleineren wurde. Zwergenkönig Hübich soll den Ort damals verlassen haben und wurde nie wieder gesehen. Angesichts der zahlreichen Wanderer am Hübichenstein scheint eine Rückkehr auch eher unwahrscheinlich.

Höhlenerlebniszentrum am Iberg

Eine heimattreue Großfamilie

Bad Grund

❷ Im Jahr 1972 machte sich eine kleine Gruppe junger Leute aus der Region auf den Weg zum Lichtenstein. Die rund 261 Meter hohe Erhebung nahe Osterode gehört nicht unbedingt zu den touristischen Hotspots. Im Mittelalter jedoch besaß der Berg eine gewisse strategische Bedeutung. Vermutlich im 14. Jahrhundert errichtete man auf dem Gipfel eine Burg. Die Anlage wurde in der Folgezeit mehrfach an mehr oder weniger bedeutende Vertreter längst vergessener Rittergeschlechter verpfändet. Während des Dreißigjährigen Krieges diente sie einem Räuber als Unterschlupf. Heute sind auf dem Lichtenstein

Hübichsaal von oben

Im Höhlenerlebniszentrum

nur noch wenige Reste der Burg erkennbar. In der Hoffnung, ein wenig Licht ins Dunkel der Geschichte zu bringen, suchte man den Berg nach einem Fluchtstollen oder Geheimgang ab und fand dabei am Nordhang unterhalb des Gipfels eine durch natürliche Einflüsse entstandene Höhle. Über die Entdeckung wurden Geologen und professionelle Höhlenforscher informiert. Bei einer Befahrung, die teilweise nur im Kriechgang möglich war, fanden Höhlenforscher 1980 u.a. Skelettteile und Bronzegegenstände. In den folgenden Jahrzehnten wurde durch die Entdeckung weiterer Bereiche und des historischen Höhlenzugangs das räumliche Ausmaß und das große Fundspektrum der Höhle, die sich als Kulthöhle herausstellte, sichtbar.

Wer sich am Lichtenstein auf die Suche nach der Höhle begibt, wird jedoch lediglich eine verschlossene Tür finden. Von Versuchen gewaltsamen Eindringens ist abzuraten, denn die Höhle, ein einstiges Grab, ist für die Öffentlichkeit gesperrt. Die darin gefundenen Gegenstände wurden entfernt und sind heute im Museum zu bestaunen. Belassen wir es also bei einem respektvollen Blick von außen auf die Lichtensteinhöhle und begeben uns zur 15 Kilometer entfernten Iberger Tropfsteinhöhle. Kaum einen Kilometer nördlich von Bad Grund an der B242 gelegen, ist diese inzwischen zum Höhlenerlebniszentrum ausgebaute Grotte wegen der guten Beschilderung kaum zu verfehlen. Entdeckt wurden die Höhlen im Iberg spätestens vor mindestens 500 Jahren, der genaue Zeitpunkt lässt sich trotz noch älterer Schlackenfunde nicht ermitteln. Die Erstbeschreibung stammt aus dem 18. Jahrhundert. Geologisch handelt es sich beim Iberg, wie auch beim nahen Hübichenstein, um Teile eines vor Jahrmillionen gewachsenen Korallenriffs. Eine Führung durch die seit 1874 als Schauhöhle betriebene Anlage ist an sich schon ein Erlebnis. Zusätzlich beherbergt das Höhlenerlebniszentrum eine Ausstellung, in der die Ergebnisse der Forschungen zur Lichtensteinhöhle eindrucksvoll in Szene gesetzt werden.

Nachzulesen sind die Fakten in der von dem Kreisarchäologen Stefan Flindt und der Anthropologin Susanne Hummel 2014 veröffentlichten und vom Höhlenerlebniszentrum herausgegebenen Publikation *Die*

Frühe Harzbewohner

Eingang in die Unterwelt

Lichtensteinhöhle. Bestattungsplatz einer Großfamilie aus der Bronzezeit. Demnach konnten die gefundenen Knochen rund sechzig Individuen zugeordnet werden. Durch die günstigen klimatischen und chemischen Bedingungen waren die Knochen relativ gut erhalten. So ermöglichte eine DNA-Analyse den Nachweis, dass ein Großteil der genetisch identifizierten Menschen miteinander verwandt war. Die Bestatteten gehören dabei wahrscheinlich bis zu fünf Generationen an. Da bei einer vollständigen Bestattung rund dreimal so viele Knochen in der Höhle hätten gefunden werden müssen, gehen die Forscher von einer rituellen Umbettung der Toten aus. Die Verstorbenen könnten zum Beispiel zunächst einige Zeit in einem Erdgrab gelegen haben und dann später entsprechend damaliger Bräuche im Rahmen einer Zeremonie in die Höhle überführt worden sein. Die gefundenen Objekte, darunter Gegenstände aus Bronze, Keramik und manches mehr geben weitere Hinweise auf die Herkunft der Menschen und lassen Rückschlüsse auf den Zeitraum der Bestattungen zu.

Wenn man bedenkt, dass die Toten rund 3.000 Jahre in der Höhle lagen, erscheint die folgende Tatsache fast schon kurios: 2007 wurden im Rahmen eines großangelegten Gentests verwandtschaftliche Beziehungen von gegenwärtigen Bewohnern der Region zu den Mitgliedern des Höhlenclans untersucht. Dabei stellten sich bei zwei Probanden mit sehr hoher Wahrscheinlichkeit Übereinstimmungen heraus.

Die Forschungen zum Thema sind noch nicht abgeschlossen, die in der Lichtensteinhöhle geborgenen Funde tragen möglicherweise noch so manches Geheimnis mit sich. Den Machern der Ausstellung im Höhlenerlebniszentrum dürfte also noch die eine oder andere Überraschung bevorstehen.

Der Große Burgberg

»Nach Canossa gehen wir nicht«

Bad Harzburg

3 König Heinrich IV. hatte es nicht einfach. Der älteste Sohn von Kaiser Heinrich III. kam nach dem frühen Tod seines Vaters im Jahr 1056 als Kind auf den Thron. Als er seine Volljährigkeit erlangte, wurde ihm die Lage deutlich. Rivalisierende Fürsten des Landes schmiedeten hinter dem Rücken seiner bis dahin die Regierungsgeschäfte führenden Mutter Intrigen. Der junge Monarch musste deren Einfluss zunächst zurückdrängen. Zudem waren die Zeiten generell unruhig, in der zweiten Hälfte des 11. Jahrhunderts herrschte kein Mangel an politischen Konflikten. Eine dieser Auseinandersetzungen drehte sich um die Neuordnung des Verhältnisses zwischen Adel und Kirche. Ausgehend von einem Streit um die Wahl eines Bischofs kritisierte Heinrich IV. die übliche Praxis der Kirche, sich in Regierungsgeschäfte einzumischen und weltliche Regenten nach Belieben abzusetzen. Kritiker des Papstes,

Reste der einst wehrhaften Burg

Zieht historische Parallelen: die Canossa-Säule

Ruheplatz mit Weitblick

darunter auch Heinrich IV., warfen dem Kirchenoberhaupt vereinfacht gesagt Amtsanmaßung vor und forderten dessen Rücktritt. Papst Gregor VII. schäumte vor Wut und erklärte den König für abgesetzt. Seines Amtes beraubt fand Heinrich immer weniger Rückhalt und sah sich genötigt, durch einen Bußgang nach Canossa den Papst um Begnadigung zu ersuchen.

Auf dem Großen Burgberg, 483 Meter über Meereshöhe gelegen, erinnert man sich unwillkürlich an diese Episode längst vergangener Geschichte. Immerhin befinden sich auf dem Gipfel die Reste der Harzburg. Deren Baumeister, eben jener Heinrich IV., errichtete die Festung rund ein Jahrzehnt vor seinem Canossa-Gang als Schutz der Kaiserpfalz Goslar. Im Rahmen einer kriegerischen Auseinandersetzung musste der Bauherr jedoch wenige Jahre danach einer Schleifung zustimmen. Erst im Jahr 1180 erfolgte ein Wiederaufbau durch Kaiser Otto IV. Dennoch verlor die Anlage in den folgenden Jahrhunderten immer mehr an Bedeutung. Nach dem Ende des Dreißigjährigen Krieges erfolgte der Abriss. Verblieben sind einige wenige Mauerreste sowie die Erinnerung an die Geschichte.

Der Harzburg verdankt die Stadt am Fuße des Berges ihr Wachstum in den früheren Jahrhunderten. Später dominierten Bergbau und das Kurwesen das wirtschaftliche Leben. Einst kaum mehr als eine Ansiedlung für Bedienstete der Burg leben heute rund 22.000 Menschen in den acht Stadtteilen. Seine strategische Bedeutung hat der Burgberg längst verloren. Einwohner und Gäste des Kurbades können heute bequem zu Fuß oder mit der Harzburger Burgbergbahn hinaufgelangen und den faszinierenden Ausblick genießen.

Der Geschichtsträchtigkeit des Ortes ist man sich in Bad Harzburg nach wie vor bewusst. 800 Jahre nach dem Canossa-Gang und auf dem Höhepunkt des Bismarck-Kults enthüllten Bürger in einer Zeremonie die Canossa-Säule. Diese erinnert wiederum an ein Ereignis aus der Zeit nach der Reichsgründung. Mag der Canossa-Gang Heinrichs IV. ein taktischer Schachzug eines vom Schicksal nicht gerade verwöhnten Monarchen gewesen sein, empfand man es zu Bismarcks Zeiten eher als Schmach. Canossa wurde in dem als Kulturkampf in die Geschichte eingegangenen Konflikt als Vergleich herangezogen. Der Hintergrund des Konflikts war folgender: Bismarck, inzwischen Reichskanzler, fand mit seinem Kandidaten für das Amt des Gesandten des Deutschen Reiches beim Heiligen Stuhl in Rom keine päpstliche Zustimmung. Der vorgeschlagene Gustav Adolf zu Hohenlohe-Schillingfürst galt dem damals amtierenden Papst Pius IX. aufgrund seiner Kritik an der päpstlichen Unfehlbarkeit als ungeeignet. Bismarcks zornige Entgegnung, geäußert auf der Reichstagssitzung am 14. Mai 1872, ist am Sockel der Säule zu lesen. Daraufhin entbrannten Diskussionen über das Verhältnis zwischen Staat und Kirche, die selbst in die Literatur Eingang fanden. Theodor Fontane verlagert beispielsweise den Schauplatz einer Szene im 20. Kapitel seines 1886 erschienenen Romans *Cecilie* an den Burgberg.

Dessen ungeachtet erlangt der Ort jedoch nachts, wenn die Säule auf dem Großen Burgberg einem Wahrzeichen gleich angestrahlt wird, eine zusätzliche Faszination.

Rabenklippe

Die unsichtbaren Luchse

Bad Harzburg

4 Im Harz war die Natur an vielen Stellen besonders kreativ und hat manch bizarr geformte Landschaft geschaffen. Die südöstlich von Bad Harzburg gelegene Rabenklippe übt seit Jahrhunderten eine große Faszination auf die Menschen aus. Vom Eckertal erhebt sich 200 Meter hoch fast senkrecht eine Felswand aus Granit. An der höchsten Stelle hat man einen wundervollen Blick über die Erhebungen der Umgebung bis hin zum Brocken. Eine Sage berichtet von einem Mönch, der hier in grauer Vorzeit einmal eine Pause eingelegt haben soll. Jener Abgesandte des Heiligen Bonifatius war im Land unterwegs, um die Menschen zum Christentum zu bekehren. Das war durchaus kein einfaches Unterfangen, denn die heidnischen Bräuche waren in den Ansiedlungen des Harzes tief verwurzelt. So soll jener Ordensmann wenig freundlich aus Wernigerode vertrieben worden sein. Daraufhin brach er zur Überquerung des Gebirges auf. Bald ging ihm der Proviant aus und er ließ sich entkräftet auf einer Klippe nieder. Vorbeifliegende Raben warfen vor dem Mann eine tote Taube zu Boden, durch die der Mönch wieder zu Kräften kam und seine Reise nach Harzburg fortsetzen konnte.

Die Zeiten, in denen sich Wanderer von toten Tauben ernähren müssen, sind längst vorüber. Ab 1874 wurde in der Nähe der genannten Klippe ein Verkaufsstand betrieben und zumindest am Wochenende konnten Ausflügler dort ihren Hunger und Durst stillen. Jahre später wurde das Gebäude des heutigen Gasthauses errichtet. Während der Rast auf der Terrasse lässt sich der Blick über die dichten Wälder der Umgebung genießen. Die Klippen wurden durch Treppen zugänglich gemacht und auch eine Überquerung des Harzes ist heute weitaus weniger anspruchsvoll als zu Zeiten des missionierenden Mönches. Die Rabenklippen erreicht man über mehrere gut erschlossene Routen. So kann man beispielsweise ab der Bergstation der im vorigen Kapitel

Rabenklippe

erwähnten Harzburger Burgbergbahn den entsprechend ausgeschilderten Wegen zu folgen.

Neben dem Gasthaus sollte man sich nicht die Gelegenheit entgehen lassen, einen Blick in das Luchsgehege zu werfen, wenn auch ein wenig Glück dazu gehört, eines der hier lebenden Tiere außerhalb der Fütterungszeiten zu erblicken. Die rund 80 bis 110 Zentimeter langen, zu den Katzen zählenden Tiere mit einer Schulterhöhe von 50 bis 70 Zentimeter gelten als äußerst scheu. Charakteristisch für die Tierart sind die kleinen, pinselartigen Gebilde an den Spitzen der Ohren. Etwa seit der Jahrtausendwende übernimmt die Nationalparkverwaltung Harz die Aufgabe, junge Luchse aus europäischen Wildparks auf die Auswilderung vorzubereiten. Anfangs hatte das Projekt nicht wenige Skeptiker. Dennoch setzte sich der Wille durch, einen Beitrag zur Erhaltung dieser in Europa seltenen Tierart zu leisten. Luchse gelten als ungefährlich für den Menschen. Auf dem Speisezettel der Tiere stehen kleine Säugetiere oder Vögel, bevorzugt wird jedoch das eine oder andere Reh erbeutet. Nicht auszuschließen ist, dass auch ein Schaf oder eine Ziege dem Beutetrieb der Tiere zum Opfer fällt. In diesen Fällen stehen den Eigentümern der Haustiere auf Antrag Entschädigungszahlungen zu.

Luchs

Brockenblick von der Rabenklippe

Völlig neu ist der Lebensraum Harz für den Luchs nicht. Bis zum 18. Jahrhundert galt die Tierart hier als heimisch. Allerdings sah man damals einen Feind in den Pinselohrkatzen. Im März 1818 waren in einer Aufsehen erregenden Aktion rund 200 Mann elf Tage damit beschäftigt, einen wahrscheinlich zugewanderten Luchs zu jagen. Ein Gedenkstein in der Nähe von Lauenthal markiert die Stelle, an der der vermeintlich letzte Luchs im Harz damals abgeschossen wurde. Das Exemplar darf heute entsprechend präpariert im Naturhistorischen Museum in Braunschweig bestaunt werden.

Zwischen 2000 und 2006 wurden rund zwei Dutzend Luchse in die Freiheit der Harzer Wälder entlassen. Dennoch stehen die Tiere weiter unter Beobachtung der Forscher. Mit unterschiedlichen Methoden wird untersucht, wie sich die Tiere auf das Leben in freier Wildbahn einstellen. Unter www.nationalpark-harz.de finden sich weitere spannende Details zu den für Wanderer normalerweise unsichtbaren Tieren.

Eckertalsperre

Wasser für die Autostadt

Bad Harzburg

5 Besucher des Harzes werden es schnell merken: Viele der schönsten Orte des Gebirges kann man nur zu Fuß erreichen. Das hat oft den Vorteil, dass man in relativer Einsamkeit die Landschaft auf sich wirken lassen kann und sich den Anblick nicht mit Hunderten anderer Touristen teilen muss. Einer dieser Orte, an denen sich Stille und Weite vereinen, ist die Eckertalsperre. Um dorthin zu wandern, lässt man sein Auto beispielsweise im drei Kilometer nördlich gelegenen Bad Harzburg stehen. Wer weniger gut zu Fuß ist, nutzt den von Frühjahr bis Herbst verkehrenden Wanderbus. Die Eckertalsperre nimmt beim Vergleich der zahlreichen Harzer Talsperren weder in Bezug auf die Bekanntheit noch auf die Größe einen vorderen Platz ein. Mit gerade einmal 0,68 Quadratkilometern Fläche wirkt sie eher überschaubar. Vielleicht fügt sie sich gerade

War lange Sperrgebiet: die Eckertalsperre

Einst gehasste Grenze, heute nur bröckelnder Beton

deshalb so harmonisch in die Umgebung ein. Hinter der 235 Meter langen Staumauer werden rund 13 Millionen Kubikmeter Wasser zu Trinkwasserzwecken gespeichert. Sieht man einmal von den in der frühen Zeit des Bergbaus errichteten Stauseen ab, gehört die Eckertalsperre zu den ältesten Bauten ihrer Art im Harz. Errichtet wurde sie während des Zweiten Weltkrieges unter anderem von Kriegsgefangenen. Beim Bau der Staumauer kam die damals neuartige Methode der Rüttelbeton-Bauweise zur Anwendung. Dabei wurden relativ große Steine in den Beton eingerüttelt. Einer der Hintergründe hierfür war möglicherweise die Materialknappheit während des Krieges, denn der Zementverbrauch konnte auf diese Art deutlich verringert werden. Für Interessierte noch ein Detail: Bei der Errichtung entschied man sich für eine sogenannte Gewichtsstaumauer. Diese hält allein durch ihr Eigengewicht dem Druck der dahinter angestauten Wassermassen stand. Diese Bauweise wird besonders bei relativ breiten Staumauern mit einer vergleichsweise geringen Höhe angewandt.

Der Grund für Planung und Bau der Talsperre lag in dem damals prognostizierten Anstieg des Trinkwasserbedarfs in der Region, denn die Nationalsozialisten planten in der Nähe die Errichtung des Autowerkes, das den »KdF-Wagen«, den Vorläufer des VW-Käfers, produzieren sollte. Neben dem Werk plante man gleich auch eine neue Stadt, um die notwendige Infrastruktur zu schaffen. Das heutige Wolfsburg wurde in diesen Jahren quasi auf der grünen Wiese errichtet, aber auch Städte wie

Braunschweig wuchsen damals rasant und mussten mit Wasser versorgt werden. Mit Hochdruck arbeiteten zahlreiche Menschen unter Zwang und unmenschlichen Bedingungen daran und errichteten die Staumauer. Keine zwei Jahre nach Inbetriebnahme des Bauwerks endete die Schreckensherrschaft der Nazis.

Infolge des Krieges wurde Deutschland geteilt, die Grenze verlief mitten durch den Harz und trennte auch die Talsperre. Auf der Staumauer wurden Barrieren errichtet, die einen unerwünschten Grenzübertritt verhindern sollten. Das brachte massive Schwierigkeiten für die Mitarbeiter der Talsperre mit sich. Erst Ende der 1970er Jahre wurden zwischen den beiden Teilen Deutschlands Vereinbarungen geschlossen, die die Zutrittsrechte für die mit der Bewirtschaftung der Talsperre Beschäftigten regelten.

Mauer und deutsche Teilung sind längst Geschichte, nur Grenzpfähle erinnern an die Zeit deutscher Zweistaatlichkeit. Heute kann die Eckertalsperre auf einem zehn Kilometer langen Rundweg umwandert werden. Der Brocken wirkt dabei zum Greifen nahe. Die Natur konnte sich dort, wo jahrzehntelang kaum ein Mensch Zutritt hatte, ungestört entwickeln. Hier an dieser Stelle waren Soldaten gezwungen, eine vom Volk nie gewollte Grenze zu bewachen. Schließlich sorgte auch das Volk dafür, dass die deutsche Teilung als ein Ergebnis des Zweiten Weltkrieges überwunden wurde. Auch wenn die Eckertalsperre heute friedlich wirkt, bleibt sie doch ein Symbol für die deutsche Geschichte des 20. Jahrhunderts. Überall im Harz stößt man auf Spuren dieser Art. Einen Moment des Gedenkens sollten uns die Opfer der Gewaltherrschaft wert sein – gerade angesichts der traumhaften Landschaft rund um die Eckertalsperre.

Wenig bekannter Wasserspeicher

Ravensberg

Der Gipfel für Autofahrer

Bad Sachsa

6 Auch in Bad Sachsa treffen wir auf Spuren der Geschichte. Das rund 7.000 Einwohner zählende Städtchen im Südharz wirbt als »Heilklimatischer Kurort« um Gäste. Die ersten Besucher in größerer Zahl kamen etwa Mitte des 19. Jahrhunderts. In jenen Jahren entstiegen wohlhabende Vertreter aus Adel und Bürgertum den Kutschen und genossen die Sommerfrische. Wer finanziell noch besser gestellt war, ließ sich gleich ein Anwesen hier errichten. Zahlreiche Villen aus dieser Zeit prägen das Ortsbild und lassen noch heute das Lebensgefühl jener Jahre erahnen. Nach der Reichsgründung erlebte das Kurwesen der Stadt seinen Aufschwung. Seit 1905 trägt die Stadt den Namenszusatz »Bad«. Über die in den 1950er und 1960er Jahren entstandenen Bausünden sehen wir großzügig hinweg und richten unseren Blick lieber

Auf dem Ravensberg

Kontrast: Nüchterne Zweckbauten in reizvoller Natur

auf den Hausberg Bad Sachsas. Der sich 659 Meter über dem Meeresspiegel erhebende Ravensberg rühmt sich damit, der einzige für Privatpersonen mit dem Auto befahrbare Gipfel im Harz zu sein. Restriktive Naturschützer sollten an dieser Stelle bedenken, dass auch zum Beispiel Menschen mit Behinderung gern dann und wann eine reizvolle Aussicht im Gebirge genießen möchten. Parkplätze gibt es genügend. Natürlich lässt sich der etwa drei Kilometer nordwestlich von Bad Sachsa gelegene Berg auch gut zu Fuß besteigen. Verfehlen kann man ihn jedenfalls nicht, denn schon aus der Entfernung ist der markante Fernmeldeturm auf dem Gipfel gut zu erkennen. Das 64 Meter hohe Gebäude wird gegenwärtig von der Deutschen Telekom als Funkübertragungsstelle genutzt. Errichtet wurde der Bau 1970 ursprünglich als Aufklärungsturm. Er diente – und damit sind wir bei den eingangs erwähnten Spuren der Geschichte – dem Abhören des Militärfunks der DDR. Der relativ schlichte und zweckdienliche Betonturm wirkt einerseits wie ein Fremdkörper in der Landschaft, stellt jedoch gleichzeitig eine Art Wahrzeichen des Berges dar.

Neben dem Ravensbergturm wirkt das benachbarte Berghotel fast wie ein Spielzeughäuschen. Die lange Geschichte des Berghotels zeugt davon, dass die Sachsaer und ihre Gäste schon immer gern hier herauf kamen. Auf Initiative des damaligen Bürgermeisters und einiger einflussreicher Bürger begann im Jahr 1848 ein ortsansässiger Landwirt mit einem bescheidenen Ausschank in einer hölzernen Schutzhütte. Es dauerte kein Jahrzehnt und ein Haus aus Stein ersetzte den Holzbau. Einer der prominentesten Gäste der ersten Jahre war Heinrich von Stephan. Der Organisator des deutschen Postwesens weilte zur Erholung in Sachsa und veranlasste die Errichtung einer Postagentur auf dem Ravensberg, die bis zum Beginn des Ersten Weltkrieges betrieben wurde. 1888 wurde der Berghof erweitert, von da an war es möglich, in Hotelzimmern zu übernachten. Weitere Umbauten und Besitzerwechsel folgten. Ein Brand im Jahr 1962 zerstörte das seinerzeit gerade frisch renovierte Haus vollständig, doch die damaligen Besitzer ließen sich nicht entmutigen und errichteten das heute noch vorhandene Gebäude.

Auf einen Neubau des zerstörten Aussichtsturmes verzichtete man jedoch, denn den traumhaften Blick über die Umgebung kann man auch so genießen. An besonders schönen Tagen reicht dieser unter anderem bis zum Kyffhäuserdenkmal. Das zu Ehren von Kaiser Wilhelm zwischen 1890 und 1896 im Thüringer Kyffhäusergebirge errichtete Monument hat eine Höhe von 81 Metern und befindet sich genau 46 Kilometer entfernt in ostsüdöstliche Richtung. So zumindest lesen wir es auf der Gedenktafel des auf dem Ravensberg errichteten Kyffhäusersteins. Der am Sockel dieses Gedenksteins angebrachte Schriftzug »Einigkeit und Recht und Freiheit« mag eigentlich nicht so recht zu Kaiser Wilhelm passen. Diese wenig monarchistisch wirkenden Begriffe sind erst seit 1922 Bestandteil der Nationalhymne.

Bei Schnee verwandelt sich der Ravensberg in ein Paradies für Wintersportler. Mehrere Pisten und kilometerlange Loipen sorgen für puren Skispaß. Auch wenn der Harz über eher wenig Infrastruktur für den Wintersport verfügt, werden seine Anhänger auch hier fündig – vorausgesetzt es fällt mal etwas Schnee.

Regenstein

Das Jungfrauengefängnis

Blankenburg

7 Auch die Burg auf dem Regenstein hat die Jahrhunderte nicht unbeschadet überstanden und ist heute lediglich als Ruine vorhanden. Aus der Entfernung betrachtet scheint es, als würden die Mauerreste der Festung mit dem Gestein des Felsen verschmelzen. Obwohl der Regenstein mit seinen 290 Metern über Meereshöhe zu den eher niedrigen Gipfeln des Harzes gehört, überragt er doch seine Umgebung deutlich. Von oben lässt sich die Gegend gut überblicken. Diese Fernsicht war den Menschen im Mittelalter besonders wichtig. Seinerzeit bestimmten Streitigkeiten und kriegerische Auseinandersetzungen den Alltag. Jeder irgendwie als strategisch wichtig erkannte Punkt wurde zum Bau einer Burg oder Festung genutzt, denn eine gute Weitsicht des Geländes bedeutete relativ hohe Sicherheit vor überraschenden Angriffen. Blättert man in alten Urkunden, findet man die Erwähnung eines Grafen von Regenstein als Burgherrn bereits im Jahr 1162. Die erste Besiedlung

Der Regenstein aus der Vogelperspektive

Strategisch wichtiger Felsen

des Ortes dürfte noch weiter zurückliegen. Der bekannteste Vertreter des Adelsgeschlechts war vermutlich Graf Albrecht II. von Regenstein, der in der ersten Hälfte des 14. Jahrhunderts ein alles andere als ruhiges Leben führte. Er war in einen Erbschaftsstreit mit dem Halberstädter Bischof verwickelt. Der Zwist zog sich über Jahre hin und war begleitet von Kampfhandlungen. Albrecht geriet in Gefangenschaft und soll fast zwei Jahre in einem hölzernen Kasten eingesperrt gewesenen sein. Dieser spezielle Kerker kann heute im Quedlinburger Schlossmuseum bestaunt werden. Sollte Theodor Fontane jemals diesen Raubgrafenkasten gesehen haben, so beeindruckte ihn die Grausamkeit sicher. Immerhin befasste sich der Dichter mit der Geschichte Albrechts II., denn der Regensteiner Graf fand im 1886 erschienenen Werk *Cécile* Eingang als Romanfigur. Treffend schrieb Fontane: »Die Bourgeoisie, die nie tief aus dem Becher der Humanität trank, war gerade damals von einer besonderen Abstinenz …«

Später zogen die Regensteiner ins Blankenburger Schloss. Ende des 16. Jahrhunderts erlosch die Linie. Die Burg verfiel nach dem Auszug der Grafen zunächst. Ab 1671 erlebte sie eine letzte Nutzung, die Ruine wurde zur Festung ausgebaut. Mitte des 18. Jahrhunderts erfolgte die endgültige Zerstörung infolge einer kriegerischen Auseinandersetzung. Als widerstandsfähig erwiesen sich dabei die in den Fels geschlagenen höhlenartigen Räume. In einem dieser Räume könnte sich das Verließ der Burg befunden haben. Hier wurde, glaubt man einer Sage, einstmals eine der schönsten Jungfrauen des Landes eingesperrt, die die Liebe des Regensteiner Grafen zurückgewiesen hatte. Gefangen in einer dieser Höhlen aus relativ weichem Sandstein, kratzte sie mit ihrem Diamantring ein Loch, das nach einem Jahr so groß war, dass sie fliehen konnte. Später kehrte sie mit ihren Angehörigen auf die Burg zurück. Nach langer Suche erblickte sie den Grafen im Fegefeuer. Um den Geist des Grafen zur Ruhe kommen zu lassen, warf sie ihm den Diamantring zu. Ob der Ring die gewünschte Wirkung erzielte, ist nicht bekannt. Anhaltspunkte für ein Fegefeuer am Regenstein waren jedenfalls nicht zu entdecken und auch Augenzeugenberichte aus jüngster Zeit über aufsteigende Rauchschwaden aus Gesteinsfugen sind nicht überliefert. Einem gefahrlosen Besuch des Regensteins steht somit nichts im Wege.

Reste der Burg …

… auf dem strategisch günstigen Felsen

Auf dem Plateau

Für Eilige steht ein Parkplatz an der B81 zur Verfügung. Da sich aber die Schönheit der Natur in vollem Umfang nur in Ruhe genießen lässt, empfiehlt sich ein Spaziergang ab Blankenburg. In knapp einer Stunde erreicht man von dort aus auf ausgeschilderten Wegen den Regenstein mit der Burgruine.

Im Jahr 1905 gab Karl Bürger, damals Professor am Blankenburger Gymnasium, ein detailreiches Werk heraus. In *Der Regenstein bei Blankenburg/Harz. Seine Geschichte und Beschreibung seiner Ruinen* berichtete er unter anderem vom Brunnen auf der Burg. Dieser soll einst 197 Meter tief gewesen sein. Laut Wikipedia war er damit seinerzeit der tiefste Burgbrunnen der Welt. Karl Bürger schreibt: »Das Wasser, das als sehr kühl, klar und wohlschmeckend gerühmt wird, wurde mittels eines Rades emporgehoben, in welchem drei Männer gingen …« Dreimal täglich wurde der Kübel gefüllt, der Aufzug dauerte rund eine Viertelstunde. Verfall und Vernachlässigung der Burg machten auch vor dem Brunnen nicht halt. Da ein Einsturz des Mauerwerks zu befürchten war, wurde die Anlage 1858 zugeschüttet. Wanderer unserer Tage sollten daher eine Flasche Wasser im Gepäck haben.

Sandhöhlen

Der versteckte Sandkasten

Blankenburg

8 Blickt man vom eben beschriebenen Regenstein in östliche Richtung, schaut man auf ein größeres Waldstück. Inmitten dieses Kiefernforstes ist von oben ein weißer Fleck zu erkennen. Dabei handelt es sich um die große und die kleine Sandhöhle. Wer die beiden nur wenige Schritte auseinanderliegenden Höhlen aus der Nähe bestaunen möchte, sollte sich eine gute Wanderkarte oder ein GPS-Gerät besorgen, denn die Stelle ist leicht zu verfehlen. Die Blankenburger nennen den größten Sandkasten im Harz etwas lapidar einfach »Sandhutsche«. Caspar David Friedrich hätte wohl beim Anblick des Areals umgehend zum Pinsel gegriffen. Der bedeutende Vertreter der Frühromantik besuchte zwar im Sommer 1811 tatsächlich den Harz und

Ein Hauch von Rügen im Harz

fertigte hier auch einige Zeichnungen an. Ballenstedt und Rübeland gehören zu den Orten, an denen sich der Maler aufhielt. Die im Harz entstandenen Zeichnungen sind in der Mehrzahl jedoch keine konkrete Landschaftsabbildungen, sondern eher Studien, auf die er später bei der Komposition seiner Gemälde zurückgriff. Vielleicht hätte ihn der Ort zu einem größeren Werk inspiriert, denn der hier vorhandene helle Sandstein als Kontrast zum vergleichsweise dunklen Wald erinnert mit etwas Fantasie durchaus an den Kreidefelsen auf Rügen. Jedoch finden sich keine Belege, dass Caspar David Friedrich die Sandhöhlen besuchte.

In früheren Jahren baute man hier Sand ab, der als Scheuersand oder Streusand verwendet wurde. Dadurch entstanden die Hohlräume. Auffallend ist ein neben den Höhlen wie ein Fremdkörper wirkendes rätselhaftes Felsgebilde. Mystische Plätze wie dieser zogen unsere Vorfahren magisch an. Bereits die alten Germanen sollen hier Versammlungen abgehalten haben. Die Faszination des Ortes, an dem die Naturgewalten besonders kreativ waren, hält sich bis in unsere heutige nüchtern-wissenschaftliche Zeit. So wundert es nicht, dass Filmproduzenten auf der Suche nach außergewöhnlichen Schauplätzen hier fündig wurden. Szenen aus Til Schweigers 2008 in den Kinos gezeigter Klamotte *1½ Ritter – Auf der Suche nach der hinreißenden Herzelinde* wurden hier gedreht. Vor der Kamera versammelten sich zahlreiche Prominente, Thomas Gottschalk, Hannelore Elsner, Dieter Hallervorden und Rick Kavanian rissen mit Schweiger Gags um die Wette. Die *Welt* zog Vergleiche mit Monty Python. Dass der Film nicht von allen Kritikern ausschließlich Lob erfuhr, liegt mit Sicherheit nicht an der Wahl der Sandhöhle als Schauplatz für die Außenaufnahmen. Schweigers Werk mag polarisieren – die Sandhöhlen nicht.

Im Sommer 2016 installierten erneut Filmleute ihre Technik an den Sandhöhlen. Diesmal entstand *Das singende klingende Bäumchen*, ein Film nach einer Vorlage der Gebrüder Grimm. Dieser Streifen taucht seither um die Weihnachtszeit mit erstaunlicher Regelmäßigkeit im Tagesprogramm des Fernsehens auf. Dabei handelt es sich um eine Neuverfilmung des DEFA-Klassikers aus dem Jahr 1957. »Ihr traut euch was«, soll Christel Bodenstein, die Hauptdarstellerin des alten DDR-Kultfilms, zu Regisseur und Produzentin gesagt haben. Dennoch besetzte die einstige Hauptdarstellerin in der Neuverfilmung eine Nebenrolle. Die *Potsdamer Neuesten Nachrichten* berichteten am 1. Juli 2016 darüber. In der Tat gehörte Mut dazu, an den Erfolg des Originals anknüpfen zu wollen. Immerhin zählten die rund drei Dutzend in der DDR-Ära entstandenen Märchenfilme zu den erfolgreichsten Produktionen der DEFA. *Das singende klingende Bäumchen* wurde ausschließlich in den Babelsberger Studios gedreht, wo man eine wahrhaft märchenhaft fantastische Umgebung schuf. Die Filmsets zeigten allesamt unwirkliche bizarre Welten, hatten weder Bezug zur Realität noch zur historischen Entstehungszeit der Märchen. Vielleicht trug diese Flucht ins Irreale ihren Teil zum Erfolg des DEFA-Films beim Publikum bei? Bei der Neuverfilmung entschied man sich dann aber doch für reale Schauplätze. Gedreht wurde unter anderem auf Schloss Sanssouci, im Bodetal oder eben an den Sandhöhlen. Letztere kommen dabei in ihrer Märchenhaftigkeit voll zur Geltung.

Einst Abbaustätte für Scheuersand

Hamburger Wappen

Drei steinerne Zinnen

Blankenburg Ortsteil Timmenrode

9 Lange Zeit soll sich Gott mit dem Teufel über die Aufteilung der Welt uneins gewesen sein. Eigentlich war vereinbart, die Grenze zwischen beiden Herrschaftsgebieten am Harzer Tanzplatz im Bodetal zu ziehen. Doch der Teufel ward seinem Ruf gerecht. Nimmersatt und streitlustig kämpfte er um weiteres Land. Gott gab nach und der Satan sicherte sein neugewonnenes Areal umgehend durch eine Felsmauer. So oder so ähnlich erzählt man sich im Harz seit ewigen Zeiten die Sage von der Entstehung der Teufelsmauer, die sich über etwa zwanzig Kilometer von Ballenstedt bis nach Blankenburg durch den nordwestlichen Harz zieht. Der geschilderte Streit liegt schon Ewigkeiten zurück, entsprechend zerklüftet und lückenhaft ist der Zustand des Felswalls.

Erwartungsgemäß halten Geologen wenig von dieser Version der Entstehungsgeschichte. Nach ihrer wissenschaftlichen Erklärung soll die Sandsteinkette durch Hebung im Zusammenhang mit der Herausbildung des Harzes entstanden sein. Im Laufe der seither vergangenen Jahrmillionen bildeten sich durch Verwitterung die heute sichtbaren, teils bizarren Formen heraus. Die Lücken in der Gesteinskette entstanden nach Ansicht der Forscher unter anderem während der Eiszeit. Damals konnten den gigantischen Kräften der riesigen Gletscher nicht alle Felsen standhalten. Die einzelnen Abschnitte der Sandstein-Felswand sind unterschiedlich alt, entsprechend unterscheiden sich auch die geologischen Zusammensetzungen. Einige Tonnen Gestein wurde im Laufe der Jahrhunderte von den Bewohnern der umliegenden Orte abtransportiert und als Baumaterial genutzt. Mitte des 19. Jahrhunderts beendete ein damaliger Landrat die schrittweise Zerstörung durch diese Selbstbedienung und stellte erste Teilbereiche unter Schutz. Im Jahr 1935 wurde schließlich das gesamte Gebiet als »Naturschutzgebiet Teufelsmauer und Bode nordöstlich von Thale« ausgewiesen.

Die drei Zinnen

An drei Stellen hat die Teufelsmauer die Eiszeit überstanden. Das gesamte Gebiet ist heute durch gute Wanderwege erschlossen. Zwei Kilometer nordöstlich von Ballenstedt stellen die sogenannten Gegensteine das östliche Teilstück der Sandsteinrippe dar. In Neinstedt, einem Ortsteil von Thale, finden wir einen weiteren, etwa zwei Kilometer langen Abschnitt, dessen markantester Felsen der rund zwanzig Meter fast senkrecht aufragende Königstein ist. Zwischen dem Blankenburger Schlosspark und dem Ortsteil Timmenrode ragen einige weitere Felsen auf und bilden den westlichen Abschluss der Teufelsmauer. Einen der außergewöhnlichsten Punkte stellt hier die Felsformation »Hamburger Wappen« dar. Offiziell heißt die Sandsteinerhebung »Ludwigsfelsen« oder auch »Drei Zinnen«. Doch wenn man in Timmenrode nach dem »Hamburger Wappen« fragt, erntet man mit Sicherheit kein Schulterzucken. Beim Anblick des Sandsteingebildes erklärt sich der Name schnell – zu offensichtlich sind die Parallelen mit dem Landeswappen der Hansestadt Hamburg. Die drei aufragenden Felsnadeln erinnern sehr an die drei Türme des bereits im 13. Jahrhundert als Siegel verwendeten Hoheitszeichen der Stadt an der Elbe.

Wann und von wem die Felsformation ihren Namen erhielt, war nicht zu ergründen. Bereits Anfang des 20. Jahrhunderts tauchte der

Königstein in Neinstedt

Der Bauherr

Name »Hamburger Wappen« im Zusammenhang mit der Timmendorfer Felsformation in einem Stadtführer auf. Unzählige Spaziergänger und Wanderer besuchen Jahr für Jahr die Stelle. Dennoch darf man nicht darüber hinwegsehen, dass in den letzten Jahrzehnten mit dem Aufkommen der Billigflüge mancher Stammgast des Harzes seine Urlaubsplanung geändert hat. In Blankenburg und andernorts versucht man gegenzusteuern, beispielsweise durch eine originelle Vermarktung. Im April 1998 gründete sich eine »Interessengemeinschaft Tourismus Timmenrode«. Die 800-Jahr-Feier des Ortes stand bevor. Und so kam die Idee auf, an den Hamburger Senat eine Bitte um »situationsbedingte Unterstützung« – so lesen wir im Amtsblatt der Stadt Blankenburg, Heft 10/1999 – zu schicken. Konkret ging es darum, Finanzmittel für eine Gedenktafel einzuwerben, die den Bezug der Hansestadt zum Harzer Felsen erläutert. Die Hamburger fanden die Idee interessant und übernahmen tatsächlich die Kosten. Am 16. September 1999 fand im Rahmen des Ortsjubiläums die feierliche Enthüllung statt. In einer spektakulären, als Übung deklarierten Aktion seilte sich ein Mitglied der Freiwilligen Feuerwehr Timmenrode am Felsen ab und zog das Tuch von der Tafel. Ein Hinweis auf den eigentlichen Bauherrn der Teufelsmauer fehlt jedoch nach wie vor …

Motivation zum Wandern: Stempelstelle der Harzer Wandernadel

Oderteich

Sammelbehälter für Aufschlagwasser

Braunlage

⑩ Über Jahrhunderte prägte der Bergbau den Harz und seine Bewohner. Vielerorts sind Spuren von Eingriffen in die Landschaft zu finden, die im Zusammenhang mit der Gewinnung wertvoller metallischer Erze vorgenommen wurden. Zu manchem Ortsbild im Oberharz gehören ein oder mehrere Fördertürme. Stolz wird bergmännisches Erbe gepflegt, denn für die Beschäftigten der Zechen war ihr Beruf stets mehr als nur ein schlichtes Handwerk. Umfangreiche Bodenuntersuchungen und Vermessungen sind nötig, bevor die erste Karre Erde bewegt werden kann. Viele Details sind bei der Bewirtschaftung der Gruben zu berücksichtigen und setzen ein komplexes Fachwissen voraus.

Oderteich

Die geologischen Verhältnisse rund um die Erzlagerstätten sind Gegenstand unzähliger wissenschaftlicher Arbeiten. Erfahrungen wurden gesammelt und dokumentiert, die Kenntnisse schließlich von Generation zu Generation weitergegeben.

Eine der größten Herausforderungen im bergmännischen Alltag stellt das Abpumpen des in die Gruben eindringenden Wassers dar. Allein auf menschliche Muskelkraft zu setzen, erwies sich als wenig zuverlässig, und auch der Gebrauch von Nutztieren war nicht frei von Risiken. So begann man schon lange vor der Industrialisierung mit dem Einsatz von Wasserkraft. Wasserräder lieferten seither Energie. Diese wurde zum Antrieb von Fördereinrichtungen genutzt, die wiederum die Erze ans Tageslicht brachten oder das Ein- und Ausfahren der Bergleute erleichterten. Parallel dazu sorgte die Wasserkraft für das Abpumpen des störenden Grubenwassers. Das Prinzip klingt für den Laien zunächst paradox, hat sich jedoch über Jahrhunderte gehalten.

Im 16. Jahrhundert erlebte der Bergbau im Oberharz einen Aufschwung, die bisherigen Wasserversorgungssysteme erwiesen sich bald als nicht mehr ausreichend. Um die neu erschlossenen Gruben zuverlässig mit Wasser zu versorgen und dabei die vorhandenen Wasserressourcen auszunutzen, entstand eine der größten Wasserversorgungsanlagen der Zeit. Das Ergebnis war gigantisch und beeindruckte sogar Jahrhunderte später die für die UNESCO-Weltkulturerbeliste verantwortliche Kommission, die das »Oberharzer Wasserregal« mit einem begehrten Platz in der Aufstellung ehrte. Zunächst bedarf der Begriff einer Erklärung: »Regal« bezeichnet in diesem Zusammenhang kein Holzgestell aus dem Möbelmarkt, sondern einen Begriff aus dem Bergbaurecht. Demnach stand das im Wasserregal geführte Wasser primär dem Bergbau zur Verfügung, andere Interessenten mussten sich hinten anstellen. Beeindruckend sind die Ausmaße: Auf einer Fläche von rund 200 Quadratkilometern waren ursprünglich über 140 Teiche durch ein System von Wassergräben mit einer Gesamtlänge von über 500 Kilometern verbunden. Etwa dreißig Kilometer dieser Wasserläufe verliefen unterirdisch, was zu einer Zeit, da stabile Rohre noch nicht zur Verfügung

Wichtig bei Hochwasser: die Große Ausflut

standen, eine Herausforderung darstellte. Heute ist von den Staugewässern noch knapp die Hälfte vorhanden. Eines der bemerkenswertesten Bauwerke dieser Art ist praktisch nicht zu verfehlen. Wer Braunlage über die B242 in nordöstliche Richtung verlässt, fährt nach wenigen Kilometern direkt über das Staubauwerk des Oderteichs. Das Wasser des hier aufgestauten Flüsschens Oder wurde zunächst über den 1703 fertiggestellten Rehberger Graben direkt nach St. Andreasberg geleitet. Allerdings wurde die Wassermenge bei Trockenheit oft nicht dem Bedarf gerecht. Pläne, den Bach zu stauen, erwiesen sich als schwierig in der Umsetzung. Die Geländestruktur erforderte eine für damalige Verhältnisse außergewöhnliche Höhe des Staubauwerks. Mit herkömmlichen Methoden war der Bau einer solchen Anlage nicht zu bewerkstelligen. Der Bau der letztlich realisierten Mischung aus Staudamm und Staumauer (die Fachwelt ist nicht einig über die Zuordnung) dauerte sieben Jahre, die Höhe beträgt etwa zwanzig Meter. Gebaut wurde äußerst solide und langlebig unter Verwendung von Granit; seit ihrer Fertigstellung im Jahr 1722 ist die Stauanlage praktisch unverändert. Für etwa 170 Jahre war der Oderteich (nicht zu verwechseln mit dem einige Kilometer flussabwärts liegenden und in den 1930er Jahren vollendeten Oderstausee) die größte Talsperre Deutschlands. Ein Weg führt um das Gewässer, man benötigt etwa eine Stunde für die Umrundung. Am Fuße des Staudamms beginnt der bereits erwähnte Rehberger Graben. Über diesen wurde das Wasser einst direkt zu den Wasserrädern einer Schachtanlage geleitet. Das System war so einfach wie genial.

Glockenberg

In der erzgebirgischen Kolonie

Braunlage Ortsteil Sankt Andreasberg

11 Der Glockenturm auf dem Glockenberg wäre der ideale Schauplatz für eine kitschige Szene aus einem Bergromantik-HerzschmerzStreifen. Das Filmteam hätte nicht einmal eine beschwerliche Anreise, denn der immerhin etwa 627 Meter hohe Berg erhebt sich gerade einmal fünfzig Meter über dem wenige hundert Meter entfernten Ortszentrum. Sankt Andreasberg liegt, eingerahmt von einem guten halben Dutzend ähnlich hoher Berge, dem Betrachter von hier oben förmlich zu Füßen. Die Straßen passen sich der Geländestruktur an, verfügen über teils extreme Steigungen. Eine Fortbewegung im Sommer wird zur Bergtour – im Winter gar zum Abenteuer. Westlich des Gipfels liegt das Naturschutzgebiet »Bergwiesen bei Sankt Andreasberg«. Auf diesem etwa 216

Blick südwärts

Hektar großen Areal, das durch langjährige Weidewirtschaft geprägt wurde, entwickelte sich eine artenreiche Pflanzenvielfalt. Wo einst das »Harzer Höhenvieh«, eine hier beheimatete und mittlerweile äußerst seltene Rinderrasse, weidete, können heute regionaltypische Gräser, Blumen und Sträucher gedeihen.

Der Glockenturm – so idyllisch er auch wirken mag – hat einen durchaus ernsten Hintergrund. Rund drei Jahrhunderte lang läutete eine Alarmglocke von hier oben. Der Standort auf dem Glockenberg erwies sich als günstig. Von hier aus konnte das Läuten praktisch in allen Ecken von Sankt Andreasberg problemlos gehört werden. Der Turm, der heute den Gipfel krönt, stammt aus dem Jahr 1834 und ersetzt ein älteres Bauwerk.

Im Zeitalter der modernen Fernmeldetechnik hat die Glocke längst ihre eigentliche Funktion verloren und klingt heute nur noch bei kirchlichen Ereignissen. In den vergangenen Jahrhunderten gab es dagegen nicht wenige ernste Anlässe, zu denen auf dem Glockenberg geläutet wurde. Neben Kriegen und Bränden prägten auch Vorkommnisse im Zusammenhang mit dem Bergbau die Geschichte des Ortes.

Die erste Erwähnung von Sankt Andreasberg stammt aus dem Jahr 1487. Inhalt dieser Urkunde war der Streit zweier Bergbaubetriebe um Grubenfelder. Die ersten Gruben hatte es bereits im 12. Jahrhundert gegeben, doch das Wüten der Pest hemmte den Bergbau erst einmal. Viele der verbliebenen Bergleute verließen damals, nicht zuletzt auch unter Einfluss politischer Wirren, die Region und siedelten sich im Erzgebirge an. Städte wie Freiberg entstanden.

Der aus der sächsischen Stadt stammende Oberstudiendirektor Professor Dr. Paul Knauth betrieb in der ersten Hälfte des 20. Jahrhunderts umfangreiche Forschungen zur Geschichte des Bergbaus. In *Unsere Heimat*, der Beilage des *Erzgebirgischen Generalanzeigers*, Heft 9/1930, erschienen in Olbernhau/Sachsen, lieferte er interessante Details. Demnach wandte sich der in Braunschweig regierende Herzog Heinrich II., genannt »der Jüngere«, nach seinem im Jahr 1521 erfolgten Amtsantritt an Georg den Bärtigen, seinen Amtskollegen aus

Der Glockenturm

dem albertinischen Sachsen. Heinrich wollte dem Bergbau im Harz zu neuer Blüte verhelfen, dazu sollten Fachkräfte aus dem Erzgebirge angeworben werden. Eine erste, sechs Jahre zuvor ausgerufene »Bergfreiheit« war weitgehend wirkungslos geblieben, jetzt stellte sich endlich der Erfolg ein. Berghauptleute aus Annaberg, Schneeberg, Joachimsthal sowie anderen Orten des Erzgebirges siedelten sich im Oberharz an. »Bergfreiheit« bedeutete seinerzeit, dass den angeworbenen Bergleuten Privilegien gewährt wurden. Dies betraf zum Beispiel Steuerfragen, aber auch die bevorzugte Versorgung mit für den Bergbau benötigten Materialien. Weitere Bergmeister kamen Mitte des 16. Jahrhunderts, viele der Bergbeamten brachten auch einfache Bergleute mit. Details liefert Erich Borchers in seinem 1929 in Marburg erschienenen Buch *Sprach- und Gründungsgeschichte der erzgebirgischen Kolonie. Im Oberharz:* »Die oberharzische Kolonie ist in der Zeit von 1520 bis ungefähr 1620 überwiegend aus dem Erzgebirge, vor allem aber aus dem Westerzgebirge besiedelt worden; sie hat ein eigenes Erzgebirgisch herausgebildet …« Heute hört man selbst unter den älteren Einwohnern nur noch sehr selten Spuren dieses Dialekts. Ein großer Schwibbogen erinnert an die einst zugezogenen Erzgebirgler. Außerdem hält die einstige Grube Samson im Ort die Bergbautradition wach und wirkt heute noch so wie im Jahr 1910, als hier nach rund vier Jahrhunderten der Silberbergbau eingestellt wurde. Bei einer Führung erfährt man viel vom Alltag im Bergwerk und der Zugezogenen, der keineswegs frei von Vorbehalten war. So soll im 19. Jahrhundert ein Vater mit erzgebirgischen Wurzeln Zweifel an den Fähigkeiten eines neu in die Gegend gekommen Lehrers geäußert haben: »Dos will ä Lehrer sein un verschtieht noch net ämol deitsch!«

Bergschätze

Grube Samson

Dicke Tannen

Der Urwald im Wolfsbachtal

Braunlage Ortsteil Hohegeiß

⓬ Beschaulich geht es zu in Hohegeiß. Das Bergdorf mit seinen gerade einmal 900 Einwohnern liegt eingebettet zwischen Wiesen und Wäldern auf etwa 600 Metern Meereshöhe. Erstmals erwähnt im 13. Jahrhundert als Forstgebiet, dauerte es weitere zwei Jahrhunderte, ehe sich um eine Kapelle herum die ersten Menschen ansiedelten. Im Gegensatz zu Sankt Andreasberg spielte hier der Bergbau in der Geschichte eine untergeordnete Rolle, lediglich im 18. Jahrhundert waren für rund fünfzig Jahre einige Gruben in Betrieb. Seit 1972 ist das Dorf ein Ortsteil von Braunlage.

Wer sich heute von Braunlage auf den relativ komfortablen Weg über die B4 nach Hohegeiß macht, vergisst schnell, dass die Entfernung von rund zehn Kilometern einst eine Herausforderung darstellte. Erst im Jahr 1842 ratterte die erste Postkutsche auf der Linie zwischen

Das Forstamt informiert.

Harzburg und Nordhausen durch den Ort. In der Folgezeit wuchs der Fremdenverkehr in Hohegeiß. Allein im Jahr 1903 fanden 1.241 Kurgäste den Weg in den Ort. Um deren Anreise zu erleichtern, liefen immer wieder Bemühungen, die verkehrstechnische Erschließung zu verbessern. Oft wenig erfolgreich, ein Anschluss an die Harzquerbahn beispielsweise wurde zwar angestrebt, aber nie gebaut. An der relativen Abgeschiedenheit von Hohegeiß änderte sich auch im 20. Jahrhundert nicht viel, die innerdeutsche Grenze verlief unmittelbar nordöstlich des Ortes. Heute kommen viele der Gäste gerade wegen der Ruhe in den Ort.

Abgeschieden und aufgrund der Geländestruktur schwer zu bewirtschaften liegt das Naturdenkmal »Dicke Tannen« kaum zwei Kilometer südöstlich des Dorfes. An der Wolfsbachmühle vorbei, am Südhang des Wolfsbachtals trifft man beim Wandern auf ein etwa vier Hektar großes urwaldähnliches Gebiet. Die hier wachsenden Fichten ragen bis zu fünfzig Meter in die Höhe. Die Stämme der ältesten Exemplare haben einen Durchmesser von bis zu anderthalb Metern und weisen bis zu 400 Jahresringe auf. Seit etwa 200 Jahren wird das Holz aus diesem

Giganten des Waldes

Hier lohnt keine Forstwirtschaft.

Wald nicht mehr genutzt, der Abtransport der Stämme lässt sich nicht wirtschaftlich bewältigen. Neben mächtigen Fichten wirken die nahe stehenden Laubbäume klein, doch auch die Buchen oder Ahornbäume haben schon ein stattliches Alter erreicht. Das Umfeld des Mischwaldes mag ein Grund dafür sein, dass der ganz große Schädlingsbefall die Bäume bislang verschont hat. Zudem haben die alten Fichten mittlerweile starke Rinden gebildet, an denen selbst der Borkenkäfer verzweifelt. Dennoch sind die Tage der Bäume gezählt. Sollen es um 1900 noch weit über hundert Exemplare gewesen sein, so findet man heute noch knapp über zwanzig intakte und zwei umgestürzte Bäume. Aber auch diese liegenden und abgestorbenen Bäume verbleiben vor Ort. Sollte einer dieser umgefallenen Riesen einmal einen Pfad blockieren, kann schon die Sperrung eines Wanderweges nötig werden. Entsprechende örtliche Ausschilderungen sollte man daher unbedingt ernst nehmen. Zudem findet man die besten Perspektiven zum Fotografieren und Bestaunen des Naturdenkmals oft aus gewissem Abstand.

Zu einer spektakulären Aktion kam es im Jahr 2001. Einige der Fichten drohten unkontrolliert umzustürzen und stellten eine Gefahr für Wanderer dar. Es gab keine Möglichkeit, die Bäume zu erhalten. Ein Fällen mit der Motorsäge war jedoch nicht möglich. Größe und Zustand der Bäume zwang die Verantwortlichen, über Alternativen nachzudenken. Schließlich erteilte das Forstamt Braunlage dem Technischen Hilfswerk den Auftrag, neun der Fichten zu sprengen. Der Ortsverband Clausthal des THW berichtet auf seiner Homepage von dieser Aktion. Demnach wurden mit riesigen Bohrern die Stämme mit über sechzig Löchern versehen. Diese wiederum besetzte man mit bis zu vier Kilogramm Sprengstoff. Einige Bäume wurden vier Meter über dem Boden gesprengt, damit der verbleibende Stammteil auch späteren Betrachtern einen Eindruck von der einstigen Größe vermittelt. Aber ein paar der mächtigen Fichten stehen noch – zumindest bis zum nächsten Sturm.

Wurmberg

Das Haus des sonderbaren Försters

Braunlage

⑬ Da helfen keine Tricks: Ein Eintrag in die Liste der Gipfel mit Höhen über tausend Meter bleibt dem Wurmberg verwehrt. Allerdings sorgt der 2019 eröffnete Aussichtsturm dafür, dass die fehlenden knapp dreißig Meter kompensiert werden und man immerhin beim Rundblick einen Standort in über tausend Meter Höhe hat. Ist der Turmbau ein Ergebnis falscher Eitelkeit der Verantwortlichen für die Tourismusförderung? Gäbe es mehr Übernachtungen in Braunlage, wenn der Ort seinen Gästen einen Tausender vorzuweisen hätte? Braunlage ist für viele nicht unbedingt der schönste Ort im Harz. Nicht alles, was in den 1960er und 1970er Jahren gebaut wurde, besitzt einen hohen ästhetischen Wert. Mehrere vielbefahrene Bundesstraßen treffen im Ort

Wurmberg

Der Speichersee auf dem Wurmberg

aufeinander. Das sorgt für einen gewissen Verkehrslärm, aber auch für eine bequeme Anreise der Gäste. Für die hat der Ort nämlich doch einiges zu bieten.

Gern kommt man zum Wintersport hierher. Gerade auf diesem Gebiet wurde in jüngster Zeit viel investiert und damit die touristische Attraktivität von Braunlage um mehrere Klassen gesteigert. Eine Sechsergondelbahn, eine Vierersesselbahn, ein Schlepplift, zwei Tellerlifte, eine Rodelpiste sowie fünf Abfahrten locken manchen Nord- und Mitteldeutschen Skifan an. Eine ernsthafte Alternative zu den überfüllten und überteuerten Skizentren in den Alpen ist Braunlage mittlerweile allemal. Auch an großzügigen Parkplätzen fehlt es nicht und selbst an die in Zeiten des Klimawandels abnehmende Schneesicherheit wurde gedacht, die Abfahrten werden künstlich beschneit. Das für die Schneekanonen nötige Wasser wird in einem dafür angelegten Speichersee auf dem Gipfel des Wurmberges bereitgehalten. Der See wirkt allerdings ein wenig wie ein Fremdkörper dort oben. Zu allererst fasziniert der Rundblick vom Gipfel. Immerhin befindet man sich im Harz fast »ganz oben«, nur der Brocken überragt den Standort noch etwas.

Geht man ein paar Schritte weiter, wird es wieder mystisch und rätselhaft. Eine offensichtlich von Menschenhand geschaffene Steinanlage sowie eine Treppe lassen den Betrachter unwillkürlich an eine Kultstätte aus der Keltenzeit denken. Heinrich Pröhle, ein Schriftsteller, der nicht zuletzt durch Anregung seines prominenten Lehrers Jakob Grimm mit der Sammlung von Märchen und Sagen des Harzes begann, glaubte, die Hintergründe für die Steinanlage auf dem Wurmberg gefunden zu haben. In seinen 1856 erschienenen *Harzsagen* lesen wir: »An der östlichen Seite des Wormberges … geht eine Treppe von hingelegten Ackersteinen hinauf.« Pröhle beschreibt weiterhin einen Weg vom Gipfel zu einem Steinhaufen und geht ins Detail: »Diese Steine sollen jeder zwei bis drei Fuß groß und so hoch wie eine Stube übereinander geschichtet sein. Es wurde mir erzählt, dass dort ein heidnischer Tempel gewesen wäre, zu dem jener Steinweg hinan geführt habe.« Heinrich Pröhle hätte mal nicht alles glauben sollen, was er zu Ohren bekam.

Michael Geschwinde und Martin Oppermann gingen an der Schwelle zum 21. Jahrhundert vor Ort auf Spurensuche. Im Jahr 2001

Skisprungschanze am Wurmberg

fassten die beiden renommierten Archäologen ihre Ergebnisse in einem Vortrag zusammen. Demnach sind Teile der Steinformation Reste des Fundaments einer massiven Hütte. Der örtliche Förster Daubert hatte diese Hütte 1820 errichtet und nach zwanzig Jahren wieder abgerissen. Der Steinkreis daneben steht im Zusammenhang mit einem Ende des 19. Jahrhunderts gebauten und um 1930 wieder entfernten »Trigonometrischen Messpunkt«. Unter den Steinen des Weges zwischen der Steintreppe und dem Gipfel fand man einen Hosenknopf, dessen Alter auf rund 200 Jahre datiert werden konnte. Es kann also davon ausgegangen werden, dass dieser Knopf etwa so alt ist wie der Weg und möglicherweise bei der Verlegung der Steinblöcke verloren wurde. Trotz dieser Erkenntnisse halten sich die Gerüchte. Handelt es sich nun um ein Abrissgrundstück aus dem 19. Jahrhundert oder doch um eine heidnische Kultstätte? Glaubt man den Gerüchten, so soll der Förster hier oben mit seiner Tochter ausgiebige Gelage gefeiert haben. Dieser Lebenswandel mag auf die Zeitgenossen ebenfalls heidnisch gewirkt haben.

Wurmberg im Winter

Unterer und Oberer Bodefall

Das ideale Fotomotiv

Braunlage

⓮ Eines vorweg: Nicht alles im Harz ist von Mythen durchdrungen, von Sagen umwoben oder auf andere Art rätselhaft und voller Geschichten. Das Ziel unserer nächsten kleinen Wanderung führt zu einem Ort, der durch nichts als seine Schönheit besticht. Ein guter Ausgangspunkt ist der Kurpark in Braunlage. Empfehlenswerte, aber kostenpflichtige Parkmöglichkeiten befinden sich unter anderem an der Talstation der Wurmbergseilbahn. Braunlages Kurpark entstand in den 1930er Jahren als »Grüne Lunge« des Luftkurortes. Ein Spaziergang rund um den Teich mit seiner Fontäne ist eine reizvolle Art der Entschleunigung.

Wir folgen jedoch dem Lauf der Warmen Bode flussaufwärts. Seinen Beinamen trägt das Fließgewässer nicht zu Unrecht, denn im

Märchenhaft: unterer Bodewasserfall

Nicht weniger schön: oberer Bodewasserfall

Gegensatz zur Kalten Bode soll das Wasser hier im Schnitt um etwa zwei Grad wärmer sein. Zur Erinnerung: Die Bode gehört neben der Oker, der Innerste, der Wipper und der Oder (nicht zu verwechseln mit dem deutsch-polnischen Grenzfluss gleichen Namens) zu den größeren der im Harz entspringenden Flüsschen. Zwischen dem Quellgebiet am Brocken und der Mündung in die Saale bei Nienburg in Sachsen-Anhalt liegen knapp 170 Kilometer. Wer dem Ursprung der Bode einen Besuch abstatten möchte, muss sich zwischen mehreren kleinen Quellen entscheiden. Die Kalte Bode entspringt in etwa 860 Meter Höhe unterhalb des Königsberges, einer 1.033 Meter hohen Nebenkuppe des Brockens. Die Warme Bode hat wiederum zwei Quellflüsschen, die Kleine und die Große Bode vereinigen sich nördlich von Braunlage. Das mag sich komplizierter anhören als es letztlich ist, am Ort ihres Zusammenflusses hat die Kalte Bode 17 Kilometer, die Warme Bode wiederum 23 Kilometer zurückgelegt. Reizvoll ist die Bode an vielen Stellen im Harz, entsprechend groß ist das Angebot an den Fluss begleitenden Wanderwegen. Der Abschnitt von Braunlage flussaufwärts gleicht jedoch mehr einem Spaziergang. Selbst die eher langsamen

Wanderer werden bis zum unteren Wasserfall kaum eine halbe Stunde benötigen. Dabei weckt das Wort »Wasserfall« schon recht hohe Erwartungen. Tosende Wassermassen, die über viele Meter spektakulär zu Tal stürzen, wird man nicht antreffen. Zu sehen ist jedoch ein wilder und ungezähmter Gebirgsbach, dessen Wasser sich seinen Weg zwischen Felsgestein bahnt und in mehreren kleinen Kaskaden effektvoll jeweils ein oder zwei Meter Höhenunterschied überwindet. Die Gesteinsbrocken lassen erahnen, mit welch unermesslicher Kraft sich das Gebiet des Harzes vor 380 Millionen Jahren begann, aus dem urzeitlichen Meer zu erheben. In einer Ära, in der die Kontinente noch weit von ihrer heutigen Gestalt entfernt waren, schoben sich Gesteinsschichten übereinander und brachen auf. Aus den Spalten drangen flüssige Gesteinsschichten nach oben. In späteren Jahrmillionen veränderten Witterungseinflüsse das Erscheinungsbild des Gebirges. Die weicheren Gesteine erodierten, während der relativ harte Granit sich standhaft hielt. Vor rund hundert Millionen Jahren entstanden durch die weitere Bewegung der Erdschichten Risse in der Oberfläche. An anderer Stelle schoben sich die Gesteine übereinander und richteten sich auf. Sichtbares Beispiel hierfür ist die bereits erwähnte Teufelsmauer. In den Spalten und Rissen lagerten sich verschiedene Erze ab, die später Grundlage für den Bergbau waren.

Geologen mögen die starken Vereinfachungen verzeihen, aber eine umfassende Abhandlung zur Entstehung des Harzes würde den Rahmen dieses Buches sprengen. Erfreuen wir uns stattdessen an der wildromantischen Schönheit des Ortes. Keinesfalls sollte man seine Kamera vergessen, denn hier findet sich eine nahezu unerschöpfliche Zahl an Motiven. Es lohnt sich, mit verschiedenen Belichtungszeiten das Wasser des Gebirgsbaches unterschiedlich in Szene zu setzen. Ob kurz belichtet und damit jeden Tropfen im Detail abbildend oder lang belichtet und das Wasser eher fließend und verschwimmend dargestellt – auf jeden Fall ist für volle Akkus zu sorgen. Das spart Ärger über verpasste Gelegenheiten.

Quitschenberg

Wo Buchdrucker keine Handwerker sind

Clausthal-Zellerfeld Ortsteil Torfhaus

15 Für kleine Orte mag es sinnvoll sein, mit benachbarten, ähnlich kleinen Orten zu Verwaltungsgemeinschaften zu fusionieren. Dadurch können Ämter zusammengelegt und so Personal und Kosten eingespart werden. Für Ortsfremde ist es dagegen mitunter schwierig, die neu geschaffenen Strukturen zu durchschauen. Die beiden Städte Clausthal und Zellerfeld fusionierten bereits 1924 und dennoch scheint der Zellbach noch heute manchmal eher zu trennen als zu verbinden. Örtliche Schützen- und Fußballvereine zumindest beharren weiter auf die Zugehörigkeit zu ihrer jeweiligen Teilstadt. Die positiven Aspekte einer Fusion überwiegen jedoch klar. Altenau-Schulenberg, eine ebenfalls durch eine Fusion entstandene Ortschaft, wurde im Jahr 2015 mit Clausthal-Zellerfeld zusammengelegt. Zum Glück verzichtete man auf einen vierteiligen Namen für das neue Gebilde und tritt stattdessen offiziell

Das Torfhausmoor

als »Berg- und Universitätsstadt Clausthal-Zellerfeld« auf. Die rund 15.000 Einwohner leben verstreut auf gut eine Handvoll Ortslagen. Torfhaus ist eine davon und gerade mal für rund zwei Dutzend Menschen die Heimat. Neben diversen Angeboten für Touristen inklusive einem großen Parkplatz befindet sich hier eines der Nationalpark-Besucherzentren. Einer der Wanderwege, der den Ort passiert, führt am Torfhausmoor vorbei zum Brocken. Im 18. Jahrhundert war als einer der prominentesten Wanderer auf dieser Strecke Johann Wolfgang von Goethe unterwegs. Obwohl sich der Verlauf der Route im Detail geändert hat, trägt der Weg heute den Namen des Dichters. Goethe hätte sicher gern auf das heutige bequeme Wegenetz des Nationalparks zurückgegriffen.

Allerdings würde der prominente Dichter das Gebiet heute nicht wiedererkennen. Die Landschaft unterliegt einem ständigen Wandel. Das wird besonders am Quitschenberg deutlich. Der Quitschenberg mit seinen beiden Kuppen liegt – grob gesagt – zwischen Torfhaus und dem Brockengipfel am Goetheweg. Der höhere der beiden Gipfel erhebt sich rund 881 Meter über Meereshöhe. Mehrere Felsklippen ragen aus dem Wald heraus. Dabei finden wir hier keinen Wald im herkömmlichen Sinne. Der Name des Berges deutet auf die einst vorherrschende

Sicher über gefährlichen Untergrund

Felsformation am Gipfel des Quitschenberges

Vegetation hin: Quitsche ist ein regional gebräuchliches Synonym für Eberesche. In der Blütezeit des Bergbaus bestand ein kaum zu deckender Bedarf an Holz, deshalb begann man hier wie vielerorts mit der Anpflanzung schnell wachsender Fichtenwälder. Auch nach dem Schließen der Gruben hielt man an den großen Fichtenbeständen fest.

Anfang der 1990er Jahre fegten mehrere schwere Stürme über den Harz hinweg und sorgten auch am Quitschenberg für heftige Schäden. Stämme erwachsener Fichten knickten weg wie Streichhölzer. Der Windbruch wurde aber nicht abtransportiert, das abgestorbene Holz verblieb vor Ort und bietet ideale Lebensbedingungen für Borkenkäfer. Die kleinen Rüsseltiere begannen sich massenhaft zu vermehren und fielen auch über gesunde Bäume her. Eigentlich gehört der Borkenkäfer, dessen wohl bekannteste Art den Namen »Buchdrucker« trägt, zu

Der Goetheweg im Winter

den üblichen Waldbewohnern. Lediglich unter bestimmten Bedingungen (wie zum Beispiel eben in viel Totholz) tritt er in Massen auf und wird zum Problem für die Forstwirtschaft. Die weiblichen Tiere fressen sich durch die Rinde der Bäume, um in den entstehenden Gängen ihre Eier abzulegen. Fallen zu viele dieser Käferweibchen über eine Fichte her, wird die Rinde und damit der Baum zerstört. Am Quitschenberg kam es sogar zu einer weitgehenden Vernichtung des Fichtenbestandes. Anfangs bot sich dem Wanderer ein etwas makabrer Anblick. Ausgedehnte Wälder von toten Bäumen hatte der Borkenkäfer hinterlassen. Doch bereits nach wenigen Jahren kam es zu einer natürlichen Regeneration. Zwischen den Tothölzern wuchsen Ebereschen und Laubgehölze wie Birken und Weiden. Das Gebiet wandelt sich, irgendwann werden die Sturmschäden restlos verschwunden sein und eine neue Generation Wald wird sich das Terrain erobert haben. Es lohnt also, regelmäßig die Entwicklung am Quitschenberg zu beobachten.

Hayner Linde

Die Krieger mit dem Dreschflegel

Ellrich Ortsteil Appenrode

16 Günther XXX. von Schwarzburg war durchaus ein einflussreicher Mann. 1352 in Arnstadt geboren, gelangte er durch taktisch kluge politische Schachzüge zu Macht und Ansehen. Zeitweise verwaltete er unter anderem die Mark Brandenburg. Im Alter von 21 Jahren heiratete er. Aus der Ehe gingen drei Söhne und eine Tochter hervor. Besonders um das Wohl jener Tochter, die wie ihre Mutter den Namen Anna trug, war Günther besorgt. Der zunächst für Anna vorgesehene Ehemann Graf Philipp von Nassau erwies sich, aus welchen Gründen auch immer, recht bald als ungeeignet. Philipp verschwand gegen Zahlung einer bedeutenden Summe aus dem Umfeld der Familie. Letztlich kam es zur Hochzeit mit dem Landgrafen Friedrich dem Friedfertigen. Die

Hier befand sich einst das Dorf Bettlershayn.

Brücke über den Fuhrbach

Vettern und Onkel von Friedrich IV. – wie er offiziell hieß – waren allerdings von dieser Ehe wenig begeistert. Man fürchtete um Ländereien und Herrschaftspositionen. Günther mischte sich zunehmend in die Regierungsgeschäfte des Gatten seiner Tochter, ließ unter anderem den Kontakt zu Friedrichs Vettern unterbinden. Die Tatsache, dass die Ehe zwischen Friedrich und Anna kinderlos blieb, dürfte ebenfalls nicht gerade in Günthers Sinn gewesen sein.

Wie wir aus dem erstmals 1839 in Sondershausen erschienenen Buch *Thüringen und der Harz mit allen Merkwürdigkeiten, Legenden und Volkssagen*, herausgegeben von Friedrich Wilhelm von Sydow, erfahren, soll es sich bei Friedrich IV. um einen schwachen und wenig einflussreichen Herrscher gehandelt haben. An diesem Bild hat Günther von Schwarzburg sicher einen nicht zu unterschätzenden Anteil. Unter anderem sorgte Günther dafür, dass Bittschriften von den Untertanen verschwanden. »Diese Härte machte«, so schreibt von Sydow, »dass die Untertanen bei dem Kurfürsten Friedrich, dem damaligen Markgrafen von Meißen klagten und demselben den Verdacht einflößten, als wolle Günther, weil seine Tochter keine Kinder hatte, das Landgrafentum an sich, oder doch wenigstens einzelne Stücke davon an Böhmen, Hessen und Mainz bringen«. Der Markgraf, ebenfalls mit dem seinerzeit offensichtlich populären Namen Friedrich, drohte mit Waffen. Günther schlug die Drohungen aus. Eine Reaktion von Friedrich dem Friedfertigen ist nicht überliefert. Günther musste bald erkennen, dass der Markgraf es nicht bei Drohungen bewenden ließ und Truppen in Bewegung setzte. In Friedrich von Heldrungen fand er einen Verbündeten. Die beiden trafen Vorbereitungen für die zu erwartenden Angriffe und rekrutierten eigene Truppen. Es wurden Bauern, Tagelöhner, Drescher nebst, wie von Sydow sie nennt, »vielen verdorbenen Edelleuten angeworben. Die Begierde machte diese Gesellschaft, die sich Flegler und ihren Krieg den Fleglerkrieg nannte, zahlreich. Der Fleglerkrieg fiel aber für den Landgrafen unglücklich aus.« Günther musste schließlich um Gnade bitten.

Die Bilanz der Ereignisse war verheerend, die Flegler hinterließen während ihres rund dreijährigen Bestehens etwa zwischen 1412 und 1415 eine Spur der Verwüstung. Ganze Ortschaften wurden zerstört und unbewohnbar gemacht. Auch das Dorf Bettlershayn wurde geplündert und eingeebnet – und nie wieder aufgebaut. Die einzige verbliebene Zeugin der Geschichte von Bettlershayn ist eine Linde. Um die 800 Jahresringe dürften sich mittlerweile im Stamm des mächtigen Baumes entwickelt haben. Es ist wahrscheinlich, dass in seinem Schatten einst die Flegler kämpften. Vielleicht zog der Rauch der brennenden Häuser durch ihre damals noch relativ junge Krone?

Wir erreichen den kaum zu übersehenden Baum etwa 700 Meter östlich des Ellricher Ortsteils Appenrode. Wo einst Leidvolles geschehen sein mag, überwiegt heute friedliche Stille. Still wurde es auch bald um die Flegler. Der Anführer der Truppe wurde übrigens nahe der Ortschaft Mackenrode gefangen und – typisch Mittelalter – erstochen. Die Grabschrift könnte treffender nicht sein: »Wer in dem Leben hat nur Flegelwerk gemacht, Der wird auch wie ein Schwein und Flegel umgebracht.«

Rammelsberg

Wo die Sonne niemals scheint

Goslar

17 Wir schreiben das Jahr 968. Kaiser Otto I. weilte gerade wieder einmal auf der Harzburg. Um für ein angemessenes Mahl zu sorgen, schickte er einen Ritter aus seiner Gefolgschaft in die Wälder der Umgebung mit dem Auftrag, ein Stück Wild zu erlegen. Es herrschte Winter und jener Ritter mit dem Namen Ramm nahm die Verfolgung einer Spur im Schnee auf. Die Wälder des Harzes waren damals dicht und kaum zu durchdringen, das Pferd des Ritters kam nicht recht voran. Ramm band sein Ross an einen Baum und folgte der Fährte zu Fuß. Doch die Jagd dauerte länger als erwartet. Das Pferd scharrte unterdessen mit den Hufen den Boden auf. Als Ramm zurückkehrte, sah er, dass sein getreues Ross einige Silberbrocken freigelegt hatte.

Bergwerk Rammelsberg

So oder so ähnlich erzählt man sich die Sage von den Anfängen der Bergbautätigkeit in Goslar. Ritter Ramm jedenfalls soll dem Kaiser ein paar glänzende Stücke seines Fundes mitgebracht haben. Otto I., durchaus dankbar, beschenkte den Ritter reich. Der Name des Berges, an dessen Hängen sich die Szene ereignet haben soll, weist ebenfalls auf den Ritter hin. Nachforschungen in historischen Quellen haben bislang keine Anhaltspunkte für die Existenz des Ritters ergeben. Doch zumindest das Alter der Ritter-Ramm-Sage ist dokumentiert. Widukind von Corvey, ein bedeutender sächsischer Geschichtsschreiber des 10. Jahrhunderts, schreibt in seiner *Res gestae Saxonicae* (Sachsengeschichte): »In Saxonia venas argenti aperuit«, was auf Deutsch meint, dass im Sachsenland Silberadern eröffnet wurden. Heimatforscher, die Ritter-Ramm skeptisch gegenüberstehen, meinen, der Name Rammelsberg leite sich unter anderem von Ramsen, der lokalen Bezeichnung für Bärlauch, ab.

Die Anfänge des Bergbaus dürften etwa drei Jahrtausende zurückreichen. Begonnen wurde damals mit dem Abbau von Kupfer und in geringem Maß auch Silber. Die Weltkulturerbe Erzbergwerk Rammelsberg GmbH weist auf ihrer Homepage darauf hin, dass in Goslar geprägte Silbermünzen bereits im späten 10. Jahrhundert im Umlauf

Auf dem Bergwerksgelände informiert u. a. eine Ausstellung.

waren. Später änderte sich das Förderprofil. Etwa ab dem 15. Jahrhundert förderte man vorrangig Bleierze. Gegen Ende der Bergbauära am Rammelsberg kamen Zinkerz und Schwerspat hinzu. Das kontinuierliche Graben nach den wertvollen Erzen hinterließ Spuren in der Landschaft, dem Berg ist seine Geschichte anzusehen. Geschätzt wurden bis zur Einstellung des Betriebes 1988 insgesamt 27 Millionen Tonnen Erz aus dem Berg geholt. Nach der Stilllegung verhinderten Bürgerproteste einen Abriss der Anlagen.

Heute wirkt das Gelände des Bergwerkes so, als wäre die Belegschaft nur übers Wochenende nach Hause gegangen. Neben den Bürohäusern ist die zwischen 1935 und 1942 errichtete, damals ganz moderne Erzaufbereitungsanlage architektonisch besonders bemerkenswert. Details zum Aufbau des Bergwerksbetriebes sowie einen Überblick über die Ausstellungen und Besichtigungsmöglichkeiten findet man unter www.rammelsberg.de. Vielfältige Angebote ermöglichen quasi ein Eintauchen in die Welt der Bergleute.

Aber auch der Berg als solcher ist ein genaueres Betrachten wert. Am Westhang findet sich zum Beispiel das Naturschutzgebiet »Blockschutthalden am Rammelsberg«. Auf Halden, bestehend aus aufgeschütteten, nicht nutzbaren Resten der Bergbautätigkeit, haben seltene Flechtenarten ihren Lebensraum gefunden.

Während der Jahrhunderte statteten immer wieder prominente Besucher dem Bergwerksbetrieb einen Besuch ab, so auch Johann Wolfgang von Goethe. Der Dichter soll, während er den Bergleuten bei der Arbeit zusah, zur Höllenszene im *Faust* inspiriert worden sein. Auch die UNESCO zeigte sich von der tausendjährigen ununterbrochenen Bergbautätigkeit am Rammelsberg beeindruckt. Ein entsprechender Antrag um Aufnahme in die Weltkulturerbeliste fand 1992 Zustimmung.

Die Zeiten ändern sich. Tausend Jahre und länger bot der »Schwarze Abt« Schutz. Dabei handelt es sich im Glauben der Bergleute um einen sagenhaften Schatten. Heute hält die UNESCO ihre schützenden Hände über die Zeugnisse der Industriegeschichte am Rammelsberg.

Kästeklippen

Im steinernen Kuriositätenkabinett

Goslar Ortsteil Oker

⓲ Manche Plätze sind schwer zu verorten. Gerade im Harz, also in einer Welt, in der Hexen, Teufel und Berggeister beheimatet sind, scheinen klare geografische Strukturen nicht das höchste Ziel zu sein. Größere Flächen gehören zu keiner der umliegenden Städte oder Dörfer. In der offiziellen Sprache handelt es sich dabei um gemeindefreie Gebiete. Für Reisende ist meist die gefühlte Nähe wichtiger als die verwaltungstechnische kommunale Zugehörigkeit. Es lässt sich nur spekulieren, inwiefern mystische Kräfte oder der Einfluss von Geistern bei der Gemeindefreiheit von Romkerhall eine Rolle gespielt haben. Immer wieder hört man auf Nachfrage die Geschichte, dass man das Areal bei einer Gebietsreform in den 1970er Jahren schlicht vergessen habe. Aus der Tatsache, nirgendwo dazuzugehören, machte man im Ausflugslokal »Jagdschlösschen« eine Tugend und gründete sein »Königreich Romkerhall«. Wohlgemerkt: »Königreich« gilt hier als augenzwinkernde Vermarktungsstrategie, anreisende realitätsfremde »Reichsbürger« werden enttäuscht sein.

Mitte des 19. Jahrhunderts begann man mit der touristischen Erschließung des Okertals. Das Tal der Oker vom gleichnamigen Goslaer Stadtteil flussaufwärts gilt landschaftlich gesehen als eines der schönsten im Harz. Nach dem Ausbau der Straße, der heutigen B498, errichtete man das »Jagdschlösschen«. Die ersten Gäste wurden 1863 bewirtet. An Besuchern dürfte es damals nicht gemangelt haben, denn nahezu zeitgleich mit der Eröffnung der Gastwirtschaft ging der Romkerhaller Wasserfall in Betrieb. Die Wanderer konnten vor ihrer Einkehr das Wasser bestaunen, das an einer Felsformation etwa 64 Meter in die Tiefe stürzt. Künstliche Wasserfälle waren in

Eine Laune des Menschen: Romkerhaller Wasserfall

Die Mausefalle hält (bisher).

der ausgehenden Ära der Romantik offenbar in Mode, denn nur wenige Kilometer weiter war kurz zuvor der Radaufall fertiggestellt worden. Der Romkerhaller Wasserfall ist in seiner Höhe beeindruckend, das hierfür umgeleitete Gebirgsbächlein Kleine Romke liefert jedoch nur eine begrenzte Menge Wasser. Nach längerer Trockenheit wirkt der Anblick des Wasserfalls entsprechend bescheiden. Im Winter während längerer Frostperioden gefriert das Wasser dagegen zu eindrucksvollen Eisgebilden. Während dieser Zeit, vor allem bei Eis und Schnee, ist vom Aufstieg zu den Kästeklippen abzuraten. An trockenen Tagen spricht nichts dagegen, eine Beschilderung ist vorhanden. Der Weg beginnt im Okertal, wo das Wasser wild zwischen Felsbrocken hindurchrauscht. Rechts und links ragen Felswände empor. Der Anstieg verlangt einiges an Kondition. Eine erste Belohnung gibt es an der Feigenbaumklippe. Aus 557 Metern Meereshöhe überschaut man Okertal und Umgebung, die Klippe ist über Stufen gut erreichbar. Auf dem weiteren Weg Richtung Kästeklippen passiert man eine Reihe eindrucksvoller Felsformationen. Zunächst gelangen wir an die Mausefalle. Ängstliche Naturen blicken dabei mit Sorge auf die beiden kleinen Steine, welche den großen oberen Block in seiner Position halten. Geologen rechnen jedoch nicht damit, dass die Mausefalle in absehbarer Zeit zuschnappt. Darauf vertrauen übrigens auch die hier gelegentlich anzutreffenden Kletterer. Eine andere Felsformation einige hundert Meter weiter trägt den Namen »Hexenküche«. Mit ein wenig Fantasie lässt sich durchaus nachvollziehen, wie dieses Gebilde zu seiner Bezeichnung kam.

Nach ungefähr einem weiteren halben Kilometer erreicht man die höchste Stelle der Umgebung, den rund 604 Meter hohen Huthberg. Hier war die Natur besonders kreativ. Vom Aussichtspunkt der Kästeklippen sieht man den »Alten vom Berge« talwärts blicken. Der Kopf mit dem friedlich ins Tal schauenden Gesicht wirkt wie das Werk eines Bildhauers. Wissenschaftler dagegen bekräftigen, dass der

Hexenküche

Schaut talwärts: der Alte vom Berge

Felsen seine Form auf natürliche Weise erhalten hat. Sicher ist, dass die Felsformationen rund um die Kästeklippen seit jeher die Fantasie der Menschen angeregt haben. Vielleicht huldigten die alten Germanen auf eine für uns heute rätselhafte Weise hier oben ihren Gottheiten? Die vorchristlichen Mythen blieben in der Abgeschiedenheit mancher Orte des Harzes länger als anderswo lebendig. Die dichten

Wälder boten Verfolgten einst Zuflucht vor den gnadenlosen christlichen Missionaren. Welche Szenen spielten sich hier einst ab? Vieles aus dieser Ära wird wohl für immer im Dunkel der Geschichte bleiben. Dies wird auch ein paar hundert Meter von den Kästeklippen entfernt in Richtung des Göttinger Ortsteils Oker deutlich. Hier befindet sich der Treppenstein. Von dort hat man nicht nur eine hervorragende Aussicht, sondern wird auch mit der Frage konfrontiert: Wer hat die Stufen einst eingeschlagen?

Blick vom Treppenstein

Thekenberge

Die gestraften Sünder

Halberstadt Ortsteil Langenstein

19 Verlässt man Halberstadt auf der B81 Richtung Blankenburg, gelangt man nach etwa sechs Kilometern in den 1.900-Einwohner zählenden Ort Langenstein. Seit 2010 ein Ortsteil von Halberstadt, ist Langenstein vor allem durch seine Höhlenwohnungen bekannt geworden. Auf dem Schäferberg finden sich einige davon. Gebaut wurden sie Mitte des 19. Jahrhunderts als schnell errichtete Behausung für Zugezogene. Die letzten Höhlen waren bis ins 20. Jahrhundert hinein bewohnt. Allein diese skurrilen Behausungen sind einen Besuch des Ortes wert, Infos über Führungen gibt es auf www.halberstadt.de.
Von Langenstein aus lässt sich gut ein Spaziergang in das etwa drei Kilometer östlich gelegene Gebiet der Thekenberge unternehmen. Bei den Thekenbergen handelt es sich um einen schmalen, über etwa vier Kilometer langgestreckten Höhenzug. Die höchste Erhebung, die

Thekenberge

»Alte Warte«, bringt es immerhin auf 230 Meter über dem Meeresspiegel. Beim Spaziergang durch das Gebiet trifft man besonders im nordwestlichen Bereich auf Absperrungen. Diese Warnungen sind unbedingt ernst zu nehmen. Grund dafür ist ein in den Berg getriebenes, etwa 13 Kilometer langes Stollensystem. Die Nationalsozialisten planten hier eine unterirdische Waffenschmiede, Tausende Häftlinge und Zwangsarbeiter schufteten, viele davon fielen den unmenschlichen Bedingungen beim Bau des Stollens zum Opfer. Die Rüstungsfabrik lief nie auf Hochtouren. Eine kleine Gedenkstätte erinnert an die begangenen Verbrechen (www.gedenkstaette-langenstein.sachsen-anhalt.de). Einige Jahre nach dem Krieg erkannte die Nationale Volksarmee der DDR, dass sich die Räume gut als Bunker eigneten. Nach der Wiedervereinigung sollten nunmehr nicht mehr benötigte DDR-Banknoten im Stollen verrotten. Doch Einbrecher spürten das Versteck auf, brachten Ostmarkscheine an zahlungskräftige Sammler und machten damit neues Geld. Ein paar Jahre später gelangte der Stollen im Zusammenhang mit illegaler gewerbsmäßiger Müllentsorgung erneut in die Schlagzeilen.

Schauen wir uns daher lieber über Tage um. Die Thekenberge mit ihren bizarr geformten Felsenklippen werden von den Einwohnern Halberstadts und den umliegenden Gemeinden gern als Ziel ihrer Sonntagsausflüge angesteuert. Der hier vorhandene Schatten spendende Mischwald geht auf eine Initiative des einstigen Oberbürgermeisters Berker zurück. Dieser sorgte in der zweiten Hälfte des 19. Jahrhunderts für eine Aufforstung der zuvor kahlen Berge. Der Zweigverein Halberstadt des 1886 gegründeten Harzklub e.V. empfand für diese Tatsache große Dankbarkeit und brachte 1901 eine entsprechende Tafel am »Gläsernen Mönch« an. Der Ort wurde nicht zufällig gewählt, der »Gläserne Mönch« ist ein viel besuchter Felsen, von dessen Aussichtsplattform man gut den Blick über die Umgebung schweifen lassen kann. In geschätzt knapp dreißig Kilometern Entfernung ist der Brocken zu erkennen. Bis zur Plattform auf 180 Metern über dem Meeresspiegel sind allerdings rund 170 Stufen zu bewältigen.

Höhlenwohnungen in Langenstein

Der Gläserne Mönch

Ordensleute sind in der Regel angehalten, in Keuschheit zu leben. Beim Eintritt in die Gemeinschaft ist häufig im Rahmen eines feierlichen Rituals ein Gelübde abzulegen, bei dem sich die Novizen verpflichten, ihr Leben künftig den Ordensregeln unterzuordnen. Der Sage nach hatten einst ein Mönch und eine Nonne an dieser Stelle gegen diese Vorschrift verstoßen und damit eine Sünde begangen. Zur Strafe für ihre Verfehlung wurden die beiden Liebenden zu Stein verwandelt. Mit etwas Fantasie erkennt man in der Tat in einer der Felsnadeln den Mönch mit einer dicken Kutte. Die Nonne fiel, so berichtet der Verein Halberstädter Berge e.V. auf seiner Homepage, einem Gewitter zum Opfer. Ein Blitzeinschlag brachte den oberen Teil des die Sünderin darstellenden Felsen zum Einsturz. Geologen sind im Allgemeinen skeptisch in Bezug auf Sagen und beharren auch in diesem Fall auf der Theorie, die Felsformation habe sich während der Kreidezeit aus den Thekenbergen herausgebildet. In der Bronzezeit galt die Anlage als Kultstätte. Ein besonderes Flair vermittelt der Ort bis in unsere Tage.

Verlobungsurne

Anlass für Spekulationen

Harzgerode Ortsteil Alexisbad

20 Als einer der schönsten Wanderwege im Harz gilt der Klippenweg. Diese nur etwa fünf Kilometer lange Route verlangt, abgesehen von einem kurzen Anstieg und einem Abstieg, wobei jeweils geschätzte sechzig Höhenmeter zu überwinden sind, keine extremen Anstrengungen. Man folgt zwischen Alexisbad und Mägdesprung im Wesentlichen dem Lauf der Selke und kommt, wie der Name des Weges vermuten lässt, an einigen Klippen vorbei. Dabei hat man an mehreren Stellen Gelegenheit, einen Blick auf den Fluss im Tal beziehungsweise auf die Umgebung zu werfen. Südlich von Mägdesprung ist der Klippenweg gut über einen Parkplatz an der B185 zu erreichen. Von dort führt ein Anstieg auf den Klippenberg zur Köthener Hütte, einer vor über hundert Jahren errichteten Schutzhütte, die von außen wie eine Kapelle wirkt. Das andere, südliche Ende des Klippenwegs befindet sich in der Ortslage Alexisbad, nach einem Anstieg von der B242 in westliche Richtung gelangt man auf den Habichtstein. Auf dieser Erhebung befindet sich ein auf den ersten Blick seltsam deplatziert wirkendes Denkmal. Es handelt sich um eine gusseiserne Skulptur in Form einer Urne, die auf einem Sockel an einer Stelle mit einem atemberaubenden Blick über die Häuser von Alexisbad im Tal steht. Im Volksmund trägt das Denkmal den Namen »Verlobungsurne«. Die Wortschöpfung besteht aus zwei Teilen, die nicht so recht zusammenpassen wollen. Hinzu kommt, dass – so weit überliefert – hier nie eine Verlobung stattfand.

Erinnert wird mit dem Denkmal an den Aufenthalt von sechs Paaren aus der besseren Gesellschaft im Jahr 1845. Alexisbad war damals ein aufstrebender Kurort, wer aus Industrie und Adel über die nötigen finanziellen Mittel verfügte, kam hierher und traf auf seinesgleichen. Sehen und gesehen werden galt schon damals als chic. Im

Was geschah an den vier Tagen?

Sockel der Verlobungsurne sind die Namen der sechs Männer und sechs Frauen, die hier vom 10. bis 13. September 1845 gemeinsam fröhliche Tage verlebten, verewigt. »Hugo« steht dabei für den Initiator des Monuments. Mit vollem Namen hieß er Friedrich Wilhelm Eugen Karl Hugo Fürst zu Hohenlohe-Öhringen. Der Adlige, der zudem Herzog von Ujest war, setzte sich zeitlebens für den Ausbau der familieneigenen Unternehmen im Bereich der Montanindustrie und des Hüttenwesens ein. Parallel dazu war Fürst Hugo militärisch aktiv, nahm an mehreren Kriegen teil und galt als Vertrauter von Kaiser Wilhelm I. Seine große Leidenschaft war der Pferdesport, er besaß mehrere Rennpferde und nahm an Derbys teil. Als Mitbegründer einer Partei, die die Interessen von Adel und Industrie vertrat, war er mehrere Jahre Abgeordneter in Parlamenten, unter anderem ab 1871 im Reichstag. Fürst Hugo war bei seinem Aufenthalt in Alexisbad 29 Jahre alt, an seiner Seite befand sich die ebenfalls im Sockel erwähnte, damals erst 16-jährige »Pauline« zu Fürstenberg. Zwei Jahre nach ihrer Harzreise heirateten die beiden und hatten zehn Kinder, von denen eins jedoch kurz nach der Geburt verstarb.

Birkenhäuschen-Schutzhütte

Wir wissen kaum etwas vom Aufenthalt der zwölf und können nur spekulieren, warum für Fürst Hugo die Tage im September eines Denkmals würdig waren. War das Denkmal das Produkt einer spontanen Idee? Spielte jugendlicher Übermut zusammen mit finanzieller Sorglosigkeit eine Rolle? Die wahren Motive werden wohl für immer im Dunkel der Geschichte bleiben. Sicher ist nur, dass der Guss der

Blick ins Selketal

Verlobungsurne in einem familieneigenen Betrieb stattfand. Bemerkenswert ist übrigens auch die spätere Rettung der mittlerweile verwitterten Eisenskulptur. Zu Beginn der 1960er Jahre wurde die Verlobungsurne abgebaut und auf private Initiative einiger Bürger hin restauriert. Bemerkenswert ist dieser Vorgang insofern, als ein differenzierter Umgang mit Zeugnissen aus der Geschichte, die nicht in die Ideologie der DDR passten, alles andere als selbstverständlich war. Seit einer weiteren Instandsetzung 1992 präsentiert sich die Eisenskulptur in alter Schönheit. So viel Respekt seiner Leistung gegenüber hätte Fürst Hugo sicher in Bewunderung versetzt.

Schwefelstollen

Die Visionen des Alexius

Harzgerode Ortsteil Alexisbad

21 Carl Ferdinand Gräfe gehörte zu den besten Ärzten seiner Zeit. Im Jahr 1787 in eine wohlhabende Familie hineingeboren, wurde ihm frühzeitig eine exzellente Bildung zuteil. In einer Festschrift zum dreißigjährigen Berufsjubiläum zitierte Herausgeber Heinrich Sabatier Michaelis den Prokanzler der Universität Leipzig. Dieser habe über Gräfe, den Musterstudenten, in seinem Jahresbericht gesagt, »er habe, obwohl man Großes von ihm erwartet, dennoch selbst die kühnsten Erwartungen übertroffen«. Schon als Zwanzigjähriger erhielt Gräfe, der spätere Begründer der Chirurgischen Klinik an der Charité, die Einladung, als Leibarzt und Hofrat des Herzogs Alexius von Anhalt-Bernburg tätig zu sein. Der junge Mann kam nach Ballenstedt, gründete dort ein Krankenhaus und erwarb die Gunst des Herzogs. Jener Alexius Friedrich Christian, damals Anfang vierzig, versah seit rund einem Jahrzehnt die Regierungsgeschäfte. Vielleicht blätterte Alexius eines

Der Schwefelstollen

Tags in alten Unterlagen, vielleicht erinnerte er sich an ein Gespräch mit seinem Vater. Dieser war nämlich bereits Jahrzehnte zuvor auf das aus einem aufgelassenen Schwefelstollen austretende Wasser aufmerksam geworden und ließ es untersuchen. Alexius beriet sich mit seinem Hofarzt, Gräfe veranlasste eine erneute gründliche Untersuchung und hob die therapeutische Wirkung des Quellwassers hervor. Der Herzog war begeistert und begann die Quelle zu vermarkten. Unter dem Namen Alexisbad entstand ein rasch wachsender Kurort im Selketal. Mehrere Gebäude, darunter ein Badehaus, entstanden. Maßgeblichen Einfluss auf Architektur und Ortsgestaltung hatte kein Geringerer als Karl Friedrich Schinkel.

Alexius gilt zwar als Gründer von Alexisbad, die Geschichte der Besiedlung jener Stelle reicht jedoch bis mindestens ins 10. Jahrhundert zurück. So wird eine Ortschaft Hagenrode als Besitz eines Benediktinerklosters bereits im Jahr 983 genannt. Die Blütezeit des hiesigen Klosters war kurz, denn als im Bauernkrieg die Anlage restlos geplündert wurde, hatten die letzten Mönche den Ort längst verlassen. Vom 16. Jahrhundert an bis etwa Mitte des 18. Jahrhunderts war der Schwefelstollen in Betrieb. Blei-Silber-Erze und Pyrit wurden hier gefördert. Letzteres diente unter anderem der Gewinnung von Schwefelsäure, die bei der Eisenherstellung, als Poliermittel, Farbgrundstoff oder auch als Schmuckstein Verwendung fand.

In der Nähe des Schwefelstollens ist ein bemerkenswerter Baumkreis zu erkennen. Das Trompel genannte ringförmig angeordnete Ensemble aus Ahorn- und Lindenbäumen wurde bei der Verfüllung und Planierung eines Lichtlochs des Stollens in den 1880er Jahren gepflanzt.

Alexisbad gewann im 19. Jahrhundert schnell an Bedeutung. Prominenz reiste an, man schätzte die waldreiche Umgebung des Selketals, aber auch die Angebote der Kureinrichtungen. Beispielsweise weilte Carl Maria von Weber 1820 im Ort. Vielleicht brachte der Aufenthalt dem Komponisten die nötigen Inspirationen, denn die Arbeiten am ein Jahr später uraufgeführten *Freischütz* zogen sich in die Länge. Später verarbeitete der Schriftsteller Walter Kempowski eigene Eindrücke

Mit Volldampf durchs Selketal

vom Harz in seinem Roman *Tadellöser und Wolff* Kempowski war 1939 als Zehnjähriger mit seiner Familie auf Urlaub in Alexisbad, im Buch wird der Ort allerdings zu Sophienbad verfremdet.

Einen Aufschwung für den Ort brachte der Anschluss an das Eisenbahnnetz. Im Jahr 1887 dampften die ersten Züge der Selketalbahn durch Alexisbad. Mit dem Siegeszug des Automobils wandelte sich das Harzer Schmalspurbahnnetz immer mehr vom alltäglichen Verkehrsmittel zur Touristenattraktion. Später, in der DDR-Ära, wurde die touristische Infrastruktur viel genutzt, aber wenig gepflegt. Verfall war nicht zu übersehen, historische Bausubstanz ging verloren. Ferienheime im Plattenbaustil entstanden, während nebenan einst prächtige Villen verfielen. Die Zeit bleibt auch in Alexisbad nicht stehen, Altes verschwindet, Neues kommt hinzu. Licht und Schatten, beides findet sich im Tal der Selke. Dennoch konnte sich Alexisbad seinen Charme bewahren. Das verschlossene Portal des Mundlochs, wie der Eingang zu einem Stollen in der Bergmannssprache heißt, erinnert als stummer Zeuge an den Beginn der Blüte des Kurortes.

Mägdetrappe

Schuhabdruck in Übergröße

Harzgerode Ortsteil Alexisbad

22 Alexius Friedrich Christian von Anhalt Bernburg hat in seinem Leben einiges erreicht. Im Alter von 29 Jahren trat er die Nachfolge seines verstorbenen Vaters Friedrich Albert an und wurde Fürst von Anhalt-Bernburg. In dieser Funktion suchte er ständig nach Möglichkeiten, die Verhältnisse in seinem Land zu verbessern. Die bereits geschilderte Wiederbelebung des Kurbetriebes in Alexisbad gilt dabei als eine seiner größten Leistungen. Immerhin fanden diese Maßnahmen vor dem Hintergrund einer wirtschaftlich schwierigen Lage statt. Seit der Französischen Revolution befand sich die Welt in Unruhe. Die Folgen waren letztlich bis in den Harz zu spüren. Die Zeiten waren alles andere als einfach. Napoleon hielt mit seinen Eroberungsplänen Europa in Atem, der Kontinent stand vor einer

Mägdetrappe

Alexiuskreuz

Rustikaler Platz zum Verweilen

weitreichenden politischen Neuordnung. Die in diesem Zusammenhang andauernden kriegerischen Konflikte brachten Not und Elend übers Volk. Alexius sah sich zu Maßnahmen gegen die Missstände verpflichtet. Neben dem Bau von Straßen und Brücken sowie Reformen im Schulwesen werden dem 1807 zum Herzog ernannten Alexius auch Verbesserungen im Gesundheitswesen zugeschrieben. Dazu gehört die großflächige Einführung der Pockenschutzimpfung. Der Bau des Bernburger Hoftheaters, zeitweise Wirkungsstätte von Richard Wagner, geht ebenfalls auf ihn zurück.

Aus seiner 1794 geschlossenen Ehe gingen vier Kinder hervor, zwei davon starben jedoch kurz nach der Geburt. Sohn Alexander Carl dürfte dem Vater wenig Freude bereitet haben, bei ihm wurde bald eine Schizophrenie diagnostiziert, die seine Regierungsfähigkeit infrage stellte. Alexander Carl sollte später kinderlos sterben und damit die Linie Anhalt-Bernburg zum Erlöschen bringen. Mit Stolz dürfte Alexius dagegen auf seine Tochter Luise geschaut haben. Die künstlerisch begabte Frau erkannte und förderte ihr Talent zum Zeichnen. Standesgemäß heiratete sie Prinz Friedrich Wilhelm Ludwig von Preußen, einen General. Das Paar zog an den Rhein nach Düsseldorf, wohin Friedrich als Kommandeur einer Division berufen wurde, und pflegte dort ein reges gesellschaftliches Leben. Luises Verhältnis zu ihrem Vater muss sehr gut gewesen sein, denn 1837, also drei Jahre nach seinem Tod, wurde auf ihre Initiative ein großes gusseisernes Kreuz nahe der Mägdetrappe aufgestellt. »Friedrich und Luise dem Vater Alexius zum Gedächtnis« lesen wir am Fuß des Denkmals. Wer zu DDR-Zeiten das letzte Mal an der Mägdetrappe war, wird sich nicht an ein Kreuz erinnern können. Nach dem Zweiten Weltkrieg wurde das Denkmal zerstört und ins Tal gestürzt. Erst 1994 im Zusammenhang mit einem Hochwasser der Selke entdeckten Bürger das Monument und engagierten sich daraufhin für die Restaurierung und Wiedererrichtung am alten Platz.

Luise wählte den Standort für das Alexiuskreuz sicherlich nicht zufällig, denn die Mägdetrappe ist seit jeher Anlaufpunkt für zahlreiche Spaziergänger und Wanderer. Neben der schönen Aussicht zog der steinerne Abdruck in Form eines Fußes die Blicke auf sich. An Spekulationen darüber, welcher Fuß einst die Spur hinterließ, mangelt es nicht. So sind sagenhafte Dinge überliefert, die sich einst am Felsen ereignet haben sollen. Berichtet wird vom Riesenmädchen Amalia. Diese erblickte dereinst am anderen Ufer der Selke ihren Geliebten, den Ritter Luitpold. Amalias Vater war nicht begeistert von der Verbindung, denn er hatte Spielschulden bei einem Isländer und diesem daraufhin seine Tochter zur Frau versprochen. Doch Amalias Herz gehörte Luitpold. Ritter Luitpold hielt um Amalias Hand an. Doch Amalias Vater, ein alter Harzkönig, wies das Ansinnen ab und entgegnete: »So wenig die Prinzessin von hier über das Tal springen kann, so wenig kann ich das Wort gegenüber dem Isländer brechen.« Doch Liebe verleiht bekanntlich Flügel, der folgende Sprung der Amalia ist Legende. Von riesenhafter Größe muss Amalia jedenfalls gewesen sein. Ein Blick in die Wikipedia-Enzyklopädie offenbart: Der steinerne Fußabdruck auf der Mägdetrappe lässt auf Schuhgröße 64 schließen.

Nadelöhr

Hier geht's eng zu

Harztor Ortsteil Ilfeld

23 Am Ortsrand von Ilfeld, dort, wo das Flüsschen Bere den Harz verlässt, findet sich eine bizarr geformte Felsformation. Über deren Entstehung gibt es mehrere Theorien. Eine davon besagt, dass der hier vorkommende Porphyr aufgrund unterschiedlicher Zusammensetzungen im Laufe der Jahrmillionen ungleichmäßig verwittert ist. Einzelne Steinblöcke zerfielen relativ schnell, andere von festerer Beschaffenheit hielten den Launen des Klimas stand. Da die festen und die weniger festen Porphyrarten in diesem Gebiet relativ kleinteilig auf engstem Raum gemischt vorkommen, war die Natur im Tal der Bere besonders kreativ. Das Nadelöhr zum Beispiel sieht zwar fast aus wie geplant angelegt, in Wirklichkeit sind jedoch die Steinmassen, die einst das »Öhr« ausfüllten, längst zu Staub zerfallen.

Am Nadelöhr

Es gibt aber noch eine weitere, rein auf Legenden basierende Version zur Entstehung des Nadelöhrs. Ursache für das Zustandekommen waren demnach die Untaten des einst hier beheimateten Grafen Ilger. Jener Graf lebte auf seiner Burg und war bekannt für seine grausamen räuberischen Überfälle auf Reisende, die durchs Tal zogen. Eines Tages war Graf Konrad von Beichlingen auf dem Weg zum Besitz seiner Familie. Konrad ahnte nicht, dass Graf Ilgner auf seiner Burg den damals wichtigen, in den Harz führenden Weg im Auge behielt. Ilger nutzte die Unwissenheit, brach aus seinem Versteck hervor, überfiel und tötete Graf Konrad sowie dessen gesamte Gefolgschaft. Die Beute war wohl nicht unbeträchtlich. Das war den hier lebenden Berggeistern zu viel, zumal sie den Taten der Raubritter von der Burg schon länger überdrüssig waren. Die sagenhaften Wesen traten aus ihren Verstecken und stürzten mit ihren grenzenlosen Kräften Felsblöcke in das Flussbett der Bere. Das Wasser staute sich, suchte sich einen neuen Weg und überschwemmte den Besitz des Raubritters. Als letzter Zugang verblieb eben jenes Nadelöhr, nur durch diese Öffnung konnte man noch ins Tal kriechen. Das brachte den Grafen Ilger zur Einsicht. Der einstige Raubritter tat Buße und gelobte, ein Kloster zu errichten. Daraufhin stellten die Berggeister den alten Zustand wieder her, seitdem fließt die Bere wieder im angestammten Bett.

Ein Kloster wurde zwar tatsächlich in der Nähe errichtet, aller Wahrscheinlich nach allerdings erst von Ilgers Sohn im Jahr 1189 gebaut. Bestätigt wurde die Stiftung seinerzeit von König Heinrich IV. in einer entsprechenden Urkunde.

Der Überlieferung nach soll sich eine Tat, wie die oben beschriebene, im Jahr 1103 ereignet haben. Graf Ilger oder Elger soll aufgrund einer Erbstreitigkeit seinen Cousin Kuno von Beichlingen erschlagen haben. Aus Reue über seine Tat soll er später die »Ewige Lampe« gestiftet haben. Jene »Ewige Lampe« spielt auf die Sorge der mittelalterlichen Bergleute an, dass ihr Licht plötzlich verlöscht und sie den Rückweg aus dem Berg nicht mehr finden. Im einstigen Kloster ist heute eine Klinik untergebracht, in deren Außenbereich das Denkmal der »Ewigen Lampe« zu finden ist. Es steht damit zwar wohl am ursprünglichen Ort, erhielt seine gegenwärtige Gestalt jedoch erst vor rund einem Jahrhundert.

Das Kloster sah sich in den folgenden Jahrhunderten nach seinem Bau immer wieder mit Schwierigkeiten konfrontiert. Im Bauernkrieg

Eine Laune der Natur

Hier passt nicht jeder durch.

zogen aufständische Bauern in die Abtei. Unzufrieden mit den hohen zu leistenden Abgaben, plünderten und besetzten sie die Anlage eine Zeitlang. Abt Bernhard hatte wichtige Urkunden und wertvollen Besitz jedoch vorausschauend in Sicherheit gebracht. Der letzte Abt namens Thomas Stange wandelte das Kloster Mitte des 16. Jahrhunderts unter dem Einfluss der Reformation in eine protestantische Klosterschule um. Die Bildungseinrichtung bestand bis zum Zweiten Weltkrieg, dann wurde ein Teil der Gebäude als Sitz des Rüstungsbetriebes Mittelwerk GmbH genutzt. In den verbleibenden Gebäuden war eine »Nationalpolitische Erziehungsanstalt« untergebracht. Die Nationalsozialisten brachten hier junge Menschen auf Linie. Seit den Nachkriegsjahren wird das Gelände als Krankenhaus genutzt.

Viele Umbauten haben das ursprüngliche Erscheinungsbild der einstigen Abtei verfremdet. Lediglich ein alter Taufstein aus Kloster Ilfeld ist erhalten und heute im Nordhäuser Dom zu bewundern. An die Legende der Klostergründung erinnerte lange Zeit ein alter Brauch. Händler und Fuhrleute scheuchten Berufsanfänger ihrer Branche dreimal

Lyrische Gedenktafel

durch die Öffnung, angetrieben vom Peitschenknall. Von der Prozedur konnte man sich jedoch durch eine Zahlung freikaufen. Ob der zu zahlende Taler danach in einer Wirtschaft in geistiges Getränk eingetauscht und gemeinsam konsumiert wurde, ist nicht überliefert.

Einhornhöhle und Steinkirche

Der große Irrtum

Herzberg am Harz Ortsteil Scharzfeld

24 Auch die größten Wissenschaftler unterliegen zuweilen einem Irrtum. Gottfried Wilhelm Leibniz, 1646 in Leipzig geboren, hat sich einen Namen als Philosoph gemacht. Daneben wirkte er als Mathematiker, betrieb historische Forschungen und befasste sich mit juristischen Fragen. Als typischer Vertreter des Zeitalters der Aufklärung hinterfragte er manche These und ging den Dingen auf den Grund. Sein postum veröffentlichtes Werk *Protogaea* beschreibt unter anderem seine Leistungen als Höhlenforscher. Leibniz beschäftigte sich mit Fossilien und der Entwicklung von Lebewesen während des Evolutionsprozesses. Die Einhornhöhle bei Scharzfeld besuchte er 1686. Damals war die Höhle schon recht bekannt, eine erste urkundliche Erwähnung fand rund anderthalb Jahrhunderte früher statt. Archäologische

Eingang zur Steinkirche (rechts)

Die Steinkirche innen

Funde zum Beispiel aus der Steinzeit oder der Ära der Neandertaler lieferten Indizien, dass Menschen die Höhle bereits seit Zehntausenden Jahren kannten. Vorstellbar ist, dass die Nutzung der Höhle mit der etwa vier Kilometer östlich gelegenen Steinkirche zusammenhängt. Auch bei der Steinkirche handelt es sich um eine Höhle. Aufgrund der dort gefundenen Gegenstände dürfte dieser etwa 28 Meter tiefe, sechs Meter hohe und sechs Meter breite Hohlraum im Fels steinzeitlichen Rentierjägern als Rastplatz gedient haben. Etwa ab dem 9. Jahrhundert diente die Steinkirche dann tatsächlich als eine Art Kirche. Eine rechts neben dem Höhleneingang in den Fels geschlagene Kanzel ist deutlich zu erkennen. Lange Zeit fanden neben religiösen Handlungen im Inneren auf dem Vorplatz Bestattungen statt. Heute wird vor Ort zwar niemand mehr begraben, doch völlig aufgegeben wurden die heidnischen Rituale wohl nie. Selbst in der Gegenwart sollen sich besonders an entsprechenden Festtagen Anhänger mehr oder weniger heidnischer Sitten hier versammeln – nicht zuletzt um die Magie des Ortes zu spüren. Wen wundert es also, dass sich um die Steinkirche etliche Sagen ranken, deren Ursprung oder Wahrheitsgehalt nicht mehr ganz nachvollziehbar ist. So soll hier einst eine alte Frau ihre Dienste als Wahrsagerin angeboten haben. Ein Mönch in schwarzer Kutte hörte davon. Wenig begeistert von dem Gewerbe der Alten, vertrieb er die Frau mithilfe einiger Krieger. Ein Einhorn habe die Verfolger zurückgehalten und sich ihnen in den Weg gestellt, der Mönch sei daraufhin in ein Erdloch gerutscht. Dieser Zufall habe dann schließlich den Weg für die Entdeckung der Einhornhöhle frei gemacht.

Heute ist die Einhornhöhle von der Ortslage Scharzfeld aus gut zu erreichen, Parkmöglichkeiten sind vorhanden. Die gesamte Höhle dürfte knapp einen Kilometer lang sein, die Angaben dazu schwanken etwas. Davon sind etwa 300 Meter im Rahmen einer Führung zu erkunden.

Gottfried Wilhelm Leibniz war nicht der erste Forscher, der Interesse an den Berichten angeblich hier gefundener Einhornknochen zeigte. Otto von Guericke, der Bürgermeister Magdeburgs während und nach der Zeit des Dreißigjährigen Krieges, ist uns vor allem aus dem Physikunterricht mit seinen Versuchen zum Vakuum in Erinnerung. Weniger bekannt sind seine Erkenntnisse zu fossilen Funden. Im Jahr

Blaue Grotte der Einhornhöhle

Zeichnung der Einhornhöhle, etwa 1780

1672 berichtete von Guericke in seinen *Neuesten Magdeburger Versuchen* von entsprechenden geologischen Erkundungen andernorts im Harz: »Es trug sich aber eben in diesem Jahr 1663 in Quedlinburg zu, dass man in einem beim Volk Zeunickenberg genannten Berg, wo Gipssteine gebrochen werden, und zwar in einem von dessen Felsen das Gerippe eines Einhorns fand, mit dem hinteren Körperteil, wie dies bei Tieren zu sein pflegt, zurückgestreckt, bei nach oben erhobenem Kopfe auf der Stirn nach vorn ein langgestrecktes Horn von der Dicke eines menschlichen Schienbeins tragend, in entsprechendem Verhältnis hierzu etwa fünf Ellen in der Länge«. Guericke wusste es vermutlich nicht besser, wollen wir uns mit Spott und Kritik also zurückhalten.

In jenen Jahrzehnten wurde die Höhle regelmäßig von Schatzsuchern umgegraben. Denn als ein Schatz galten die Einhornfossilien in der Tat. Gemahlen zu Pulver wurden den Knochen magische Kräfte zugeschrieben. Heute wissen wir, dass die Funde von Skeletten während der Eiszeit verendeter Tiere wie Höhlenbären, Höhlenlöwen oder Wölfen stammen. Später, im Jahr 1784 während seiner dritten Harzreise, besuchte Goethe die Einhornhöhle. Für den an Gesteinen interessierten Dichter bot die Höhle allerdings wenig Interessantes. In Goethes Begleitung befand sich der Maler und Zeichner Georg Melchior Kraus, dem wir eine der bekanntesten Zeichnungen der Höhle verdanken.

Große Wissenschaftler sind vor Irrtümern nicht gefeit. Erst Anfang des 19. Jahrhunderts widerlegten mehrere Forscher die Existenz von Einhörnern. Unter Verkäufern von Souvenirs hat sich diese Erkenntnis bis heute jedoch nicht völlig durchgesetzt.

Wiedertäuferloch

Schauplatz mehrerer Morde

Hohenstein (Thüringen) Ortsteil Liebenrode

25 Von Scharzfeld aus erreichen wir unser Ziel am schnellsten über die B243. Etwa 15 Kilometer vor Nordhausen führt ein Abzweig Richtung Liebenrode. Das 300-Einwohner-Dorf, heute ein Ortsteil der Gemeinde Hohenstein, gehört nicht zu den bekanntesten Reisezielen des Harzes. Doch auf der Suche nach sagenhaften Naturdenkmalen wird man nicht selten gerade an den versteckten Orten fündig.

Als eines der Wahrzeichen von Liebenrode gelten zum Beispiel die »Sieben Linden«. Der älteste der Bäume soll bereits seit rund drei Jahrhunderten stehen. Unser eigentliches Interesse gilt jedoch den sechs größeren Erdfallseen südlich von Liebenrode. Diese lassen sich in einem kurzen Fußmarsch vom Ortszentrum aus erreichen. An ihnen entlang führt auch der Karstwanderweg, ein gut 230 Kilometer langer ausgeschilderter Pfad, der die Karstlandschaften im Südharzraum für

Das Grubenloch

Wanderer erlebbar macht. Und eben inmitten dieser Karstlandschaft befinden sich diese sechs unterschiedlich großen Seen, die zum Teil miteinander verbunden sind.

Entstanden sind die Seen durch Erdfälle, bei denen sich durch die ständige Einwirkung von Wasser unterirdische Gesteinsschichten wie Gips und Kalk lösten und Hohlräume hinterließen. Daraufhin brach die obere, nicht wasserlösliche Bodenschicht ein. Da im Gebiet der Liebenroder Erdfallseen die durch den Vorgang entstandenen Löcher im Boden also mit einer wasserundurchlässigen Schicht überzogen sind, konnten sich Oberflächenwasser und Niederschläge in den großflächigen Vertiefungen sammeln und die Seen entstehen lassen. Für Interessierte wird das Thema auf mehreren Tafeln entlang der Seen vertieft.

Die Seen tragen etwas makabre Namen wie Opfersee, Grubenloch, Mönchsee, Röstesee, Schaukelstruth und Wiedertäuferloch. Letzteres befindet sich etwas abseits der anderen fünf, die Wanderrouten machen einen Bogen um diesen sechsten See. Das Wiedertäuferloch ist von Bäumen umgeben, das Ufer sehr steil und schwer zugänglich. Auch wenn das Schwimmen dort nicht untersagt ist, gibt es durchaus geeignetere Plätze zum Baden. Das Gewässer wirkt, als wollte es durch die versteckte Lage sein Geheimnis wahren. Tatsächlich haben sich hier denkwürdige Vorfälle ereignet. Um das Jahr 1535 soll der See Schauplatz einer grausamen Straftat gewesen sein. Zu dieser an Konflikten reichen Zeit wurden einer Überlieferung zufolge hier drei Wiedertäufer ertränkt. Die Wiedertäufer gehörten einer besonders im Harz, aber auch in anderen protestantischen Gebieten anzutreffenden religiösen Bewegung an und traten in den Jahren nach der Reformation erstmals in Erscheinung. Über die Zahl ihrer Anhänger lässt sich nur spekulieren. Im Gegensatz zur verbreiteten christlichen Kirche sprachen sich die Wiedertäufer gegen die Kindstaufe aus. Ihrer Ansicht nach sollte sich jeder als Erwachsener frei zur Religion bekennen. Dieser offene Widerspruch gegen ein kirchliches Dogma wurde von der etablierten Kirche nicht hingenommen und zog Verfolgungen und Hinrichtungen nach sich. Dabei waren die Anhänger der Reformation, was den

Karstwanderweg

Umgang mit den Wiedertäufern betraf, durchaus gespalten. Zwar kam es zu großflächigen Hetzjagden, doch gemäß Luthers Wort »Non vi sed verbo – Nicht mit Gewalt, sondern mit dem Wort« gab es auch innerhalb der Kirche Stimmen, die zur Mäßigung aufriefen. Nicht jedem erschien die verübte Gewalt verhältnismäßig, obwohl unter den Christen im Prinzip Einigkeit über die Ablehnung der Wiedertäuferlehren bestand. Selbst die weltlichen Herrscher im Land standen den Wiedertäufern kritisch gegenüber, hielten sie für unberechenbar und fürchteten letztlich um die eigene Macht.

Toleranz war nicht gerade die Tugend der Zeit. Mit dauerhaftem Widerstand von allen Seiten konfrontiert, versank die Wiedertäuferbewegung um die Mitte des 16. Jahrhunderts in der Bedeutungslosigkeit. Die Verfolgung der Wiedertäufer forderte im Laufe dieser Jahre zahlreiche Tote. Drei sollen eben hier am sechsten, etwas abgelegenen Erdfallsee in der Nähe von Liebenrode dem Hass ihrer Gegner zum Opfer gefallen sein.

Daneilshöhle

Behausung für fragwürdige Gestalten

Huy Ortsteil Dingelstedt

26 »In der Mitte des Huys liegt ein gewaltiger Felsen, – Ganz mit Eichen umgeben und schwellenden Moose bewachsen. – Kühler wehen die Lüfte, wenn man dem Felsen sich nähert – Stärker schlägt das Herz und es wallt das Blut in den Adern – Immer heißer und bald durchläuft die Glieder ein Schauder. – Tief in den alten Felsen ist mit unsäglicher Mühe – Eine Höhle gehauen die wirklich Staunen erregt …«, schrieb Karl Christian Wilhelm Kolbe. Der 1770 in Halberstadt geborene Hobbyliterat war nach einem entsprechenden Studium im Hauptberuf in leitender Stelle im Bergbau tätig. Neben der Dichtkunst interessierte er sich für die Geschichte seiner Region. Das

Die Daneilshöhle

Einstige Behausung von Daneil und seinen Kumpanen

eingangs zitierte Werk, erstmals 1792 in *Vermischte Gedichte* in Halberstadt veröffentlicht und hier aus der Zeitschrift des Geschichtsvereins Halberstadt *Zwischen Harz und Bruch* vom Dezember 2009 zitiert, beschreibt Kolbes Eindrücke von der Daneilshöhle im Huy. Der Huy ist ein etwa zwölf Kilometer langer und drei Kilometer breiter Höhenzug, etwa zehn Kilometer nordwestlich von Halberstadt gelegen. Die höchste Erhebung ist der knapp 315 Meter hohe Buchenberg. Nördlich des Huy wird die Landschaft flach, auf der anderen Seite beginnt das Harzvorland.

Etwa zwei Kilometer südlich von Dingelstedt, einem Ortsteil der nach dem Höhenzug benannten 2.000-Einwohner-Gemeinde Huy, findet der Wanderer die Daneilshöhle. Was deren Entstehung betrifft, müssen wir dem Dichter an dieser Stelle widersprechen. Die Höhle verdankt ihre Existenz nicht »unsäglicher Mühe«, wurde nicht

»behauen«, sondern ist das Ergebnis von Auswaschungen während der Eiszeit. Später sollen hier, glaubt man der Sage, finstere Räuber ihr Unwesen getrieben haben. Diese hausten – und auch das liegt schon mehrere Jahrhunderte zurück – in der Höhle. Dabei arbeiteten die Banditen um ihren Anführer Daneil nach einem ausgeklügelten System. Auf dem vorbeiführenden Weg installierten sie Drähte, die bei Berührung eine Glocke in der Höhle klingeln ließen. Auf diese Weise wurden die Räuber auf Passanten aufmerksam, kamen rasch aus ihrer Höhle und beraubten die ahnungslosen Reisenden. Kolbes Gedicht wird konkret: »Aber siehe, dereinst kam ein Mädchen vom Dorfe gegangen, – Schön und reizend, obgleich von niedern Eltern geboren. – Ruhig ging es durch das Holz und eilte zum Markt nach der Stadt hin. – Und es kam an den Weg, der zur grausen Wohnung des Räubers – Führt, und ach! Es betrat das im Gras verborgene Eisen. – Kaum geschehen, da tönte die Glock' in der Höhle des Räubers, – Und Daneil sprang plötzlich hervor mit dem blinkenden Schwerte. – Jetzt durchbohr ich dich hier, so sprach er mit schrecklicher Stimme: – Wo du dein Geld nicht sogleich und deinen Reichtum hergibst …« Geld war von der armen Magd natürlich nicht zu erwarten. »Da erhub er die Stimm' und begann in wütendem Tone: Sklavin sollst du mir werden, das wisse, verwegenes Mädchen!« Über den weiteren Verlauf der Ereignisse gibt es verschiedene Versionen. Das Gedicht berichtet von der folgenden Nacht, als »die weite Gegend in kühle Schatten sich hüllte, – da vollbracht' er frohlockend die allerniedrigste Schandtat«. Anderen Überlieferungen zufolge soll es dem Mädchen gelungen sein, standhaft zu bleiben. Dafür sollen die Räuber um Daneil den Geliebten der Magd beraubt und umgebracht haben, ohne von der Verbindung gewusst zu haben. Auf jeden Fall bot sich für das Mädchen Gelegenheit zur Flucht. In der Stadt angekommen, berichtete sie von ihrem Schicksal. Es fanden sich bald genügend Männer, die mit der Absicht, die Räuber zu richten, zur Höhle zogen. Da sich Daneil mit seinem Gefolge in der Höhle verbarrikadierte, entschloss man sich, siedendes Wasser durch die Tür in die Höhle fließen zu lassen und die Räuber

Von außen unauffällig …

… und innen geräumig

zu verbrühen. »Und mit den schrecklichen Qualen beschloss der Verruchte sein Leben. – Jetzt noch irrt sein Geist umher, und erschreckt oft den Wandrer …«

Neben der Geschichte um Räuber Daneil steht die Höhle auch in Zusammenhang mit einem weiteren Vorfall. Simon Bingelhelm, wegen der ihm zur Last gelegten zahlreichen Straftaten auch »Tausendteufel von Halberstadt« genannt, soll die Höhle einst als Unterschlupf genutzt haben. Im Jahr 1600 gelang es, ihn gefangen zu nehmen. Dabei soll der damals 35-Jährige unter Folter mehrere Morde, Einbrüche und Brandstiftungen gestanden haben. Auch in seinem Fall hielt man seinerzeit die Todesstrafe für angemessen, Bingelhelm wurde hingerichtet.

Trotzdem ist ein Besuch der Daneilshöhle zu empfehlen. Oder, wie Karl Christian Wilhelm Kolbe sein Gedicht schließt: »Doch, ich höre nun auf, die Geschichten der Vorzeit zu singen, – und den Leser noch mehr durch mein langes Lied zu ermüden.«

Ilsenstein

Das verhexte Schloss

Ilsenburg

27 Von Ilsenburg aus dauert der Aufstieg auf den 474 Meter über dem Meeresspiegel gelegenen Ilsenstein kaum mehr als eine Stunde. Dort, wo sich der Felsen rund 150 Meter über dem Tal der Ilse erhebt, befand sich bereits im 11. Jahrhundert eine kleine Reichsburg. Gebaut von König Heinrich IV. diente sie dem Monarchen zur Überwachung seiner Besitztümer. Zudem ließ Heinrich von hier aus regelmäßig die Güter des Ilsenburger Klosters plündern. Doch bereits nach wenigen Jahrzehnten zerstörten die Gegner des Königs die Festung. Heute sind davon nur noch wenige Spuren zu erkennen, dafür begegnet der Besucher auf dem Gipfel des Ilsensteins einem großen Eisenkreuz. Aufgestellt wurde es im Jahr 1814 von Anton zu Stolberg-Wernigerode. Anton, der vierte Sohn des damaligen Regenten über die Grafschaft

Auf dem Ilsenstein

Wernigerode, durfte seinen Vater nicht im Amt beerben, dieses Privileg blieb bekanntlich dem Erstgeboren vorbehalten. Stattdessen schlug Anton eine militärische Laufbahn ein, in deren Verlauf er sich schnell zahlreiche Orden an die Brust heften durfte. Mit dem Kreuz auf dem Ilsenstein erinnerte Anton zu Stolberg-Wernigerode an Mitkämpfer, die während der Befreiungskriege gegen Napoleon an seiner Seite ihr Leben ließen. Noch einmal hundert Jahre später brachte Christian Ernst zu Stolberg-Wernigerode eine Gedenktafel mit entsprechenden Erläuterungen an. Allerdings lässt der Inhalt Raum für Missverständnisse. So lesen wir zum Beispiel, das Eisenkreuz sei »Eingeweiht am 16. Oktober 1814, dem ersten Jahrestag der Schlacht bei Möckern«. Aus dem Geschichtsunterricht wissen wir jedoch, dass die Gefechte bei Möckern östlich von Magdeburg bereits am 5. April 1813, also rund ein halbes Jahr früher, stattfanden. An jenem Oktobertag 1813 hielt die Völkerschlacht bei Leipzig das Land in Atem. Während einem der Gefechte jener Völkerschlacht konnten die Truppen des preußischen Generalfeldmarschalls Yorck den Franzosen eine wichtige Niederlage beibringen. Schauplatz dieser Kämpfe war das Dorf Möckern nordöstlich von Leipzig. Am Ende waren aber beide Schlachten Meilensteine zum endgültigen Sieg über Napoleon.

Genießen wir stattdessen den Ausblick über das Tal der Ilse und die Umgebung bis hin zum sechseinhalb Kilometer entfernten Brocken. Die beste Sicht hat man vom Standort des großen Kreuzes, jedoch ist der Weg dorthin auf den letzten Metern mit einer kleinen und nicht ganz ungefährlichen Kletterpartie verbunden. Ungeübte sollten besser darauf verzichten und in den gesicherten Bereichen verbleiben.

Auch der Ilsenstein regte natürlich die Fantasie des Volkes an. Goethe war nicht der Erste, der dem Ort im *Faust I* in der Walpurgis-Szene ein Denkmal setzte: »Welchen Weg kommst du her? – Übern Ilsenstein! Da guck ich der Eule ins Nest hinein. Die macht ein paar Augen.«

Sagen berichten von dem Schloss eines Harzkönigs, das dereinst hier gestanden haben soll. Die Tochter jenes Königs sei von unsagbarer Schönheit gewesen. Unweit davon wohnte eine Hexe in einer Hütte,

Blick zum Brocken

ebenfalls mit einer Tochter. Während die schöne Königstochter von zahlreichen Verehrern umworben wurde, blieb die offenbar mit einem unvorteilhaften Äußeren gestrafte Hexentochter unbeachtet. Das versetzte die Hexe in Zorn. Die Alte mobilisierte ihre Zauberkräfte und verwandelte das Schloss und seine Bewohner in den heute noch vorhandenen Ilsenstein. Lediglich die schöne Königstochter namens Ilse kann jeden Morgen aus dem Felsen treten und ein Bad im Fluss nehmen. Keiner kennt jedoch die genaue Zeit und den genauen Ort ihres Erscheinens, denn wem es gelingt, die Schönheit beim Bade zu beobachten, der darf sie ins Schloss begleiten. Die Wahrscheinlichkeit, die schöne Ilse von ihrem Fluch erlösen zu dürfen, ist äußerst gering. Daher empfiehlt sich am Ende doch ein Abstieg nach Ilsenburg. Die kleine Stadt mit ihren etwa 6.000 Einwohnern, die der Eisenverhüttung ihre Blüte verdankt, wird heute von zahlreichen Touristen besucht. Diese besichtigen die Zeugnisse der Industriegeschichte und besuchen das Kloster. Manche starten auch von hier zu einer Brockenbesteigung …

Kreuz für die Gefallenen

Ilsetal

Mit der *Harzreise* auf Harzreise

Ilsenburg

28 Bei einem Besuch des Gebietes um Ilsenburg geraten viele ins Schwärmen. In diesem Teil des Harzes scheinen die Berge besonders markant geformt zu sein, dazwischen bahnen sich munter plätschernde Bäche ihren Weg durch teils tief eingeschnittene Täler. Wer von Ilsenburg aus den Brocken besteigen möchte, sollte auf jeden Fall genügend Zeit einplanen, denn es geht geschätzte 15 Kilometer fast ständig bergauf. Ilsenburg liegt rund 250 Meter über dem Meeresspiegel und damit fast 900 Meter tiefer als das Brockenplateau. Außerdem verbietet sich Eile, denn der Weg führt immer wieder an sehenswerten Plätzen und bizarr geformten Felsformationen vorbei. Etwa zwei Kilometer flussaufwärts vom im vorangegangenen Kapitel beschriebenen Ilsenstein passiert man die reizvollen, wenn auch nicht spektakulären Ilsefälle.

Hätten Sie die Wanderung durch das Ilsetal Richtung Brocken am Dienstag, dem 21. September 1824, unternommen, wäre Ihnen mit hoher Wahrscheinlichkeit eine Gruppe von ungefähr zwanzig Studenten entgegengekommen. Unter ihnen befand sich kein Geringerer als Heinrich Heine. Wäre es Ihnen auch noch gelungen, den damals 27-Jährigen in ein Gespräch zu verwickeln, so hätten Sie Erwähnung in seiner *Harzreise* gefunden. Nachdem er zweimal auf dem Gipfel übernachtet hatte, stieg Heine das Ilsetal entlang wieder vom höchsten Berg des Harzes herab. Mehrtägige Wanderungen, wie in der *Harzreise* geschildert, waren seinerzeit unter Studenten nichts Ungewöhnliches. Die Epoche der Romantik befand sich in voller Blüte. Novalis brachte es auf den Punkt, indem er schrieb: »Kunst (ist die) Fähigkeit bestimmt und frei zu produzieren«. Die Geschichte als Motiv rückte in den Fokus kreativer Geister, Sagen und Mythen fanden Eingang in Erzählungen. Parallel dazu wurde die Notwendigkeit von ausreichend Bewegung propagiert. Turnvater Jahn gewann mit seinen Lehren viele Anhänger unter den jungen Menschen.

Steiniger Weg für die Ilse

Heinrich Heine hatte zu jener Zeit bereits mehrere gescheiterte Starts ins Berufsleben hinter sich. Der junge Mann dichtete offenbar lieber als sich mit den nüchternen Fakten der Geschäftswelt zu beschäftigen. Onkel Salomon schickte Heinrich (der eigentlich Harry hieß, den Namen aber nicht mochte) zum Jurastudium nach Göttingen. Aber schon nach wenigen Wochen musste Heine die Stadt wieder verlassen. Grund dafür war seine Teilnahme an einem Duell. Anfang 1824 kehrte Heine in die Stadt zurück. In den Semesterferien unternahm er eben jene Reise, die ihn nicht nur in den Harz, sondern auch durch weitere Teile des Landes führte.

Heine brachte seinem Verweis von der Universität wenig Verständnis entgegen, über die Stadt Göttingen lesen wir in der *Harzreise* daher wenig schmeichelhaft: »Die Stadt selbst ist schön und gefällt mir am besten, wenn man sie mit dem Rücken ansieht«. Wen wundert es, das ausschweifende Studentenleben forderte seinen Tribut. Heine hatte, wie manch anderer auch, mit den Folgen einer »Liebeskrankheit« zu kämpfen. Der Besuch bei Freudenmädchen stand hoch im Kurs, die wohlhabenden Studenten hatten genügend Geld und feierten die Abwesenheit der Eltern entsprechend exzessiv. Vielleicht war die Universität damals etwas zu groß für die Stadt. Doch die Menschen lebten mit und von den Studenten. In der Harzreise lesen wir von Begegnungen mit den verschiedensten Zeitgenossen, außerdem wird vom Besuch eines Bergwerkes berichtet. Sein Weg durch das Ilsetal beschrieb Heine mit fast liebevollen Worten: »Je tiefer wir herabstiegen, desto lieblicher rauschte das unterirdische Gewässer, bevor es blinkte, und es

Quellenhaus im Ilsetal

schien heimlich zu lauschen, ob es ans Licht treten dürfe.« Und weiter: »Eine Menge anderer Quellen hüpften jetzt hastig aus ihrem Versteck, verbanden sich mit der zuerst hervorgesprungenen, und bald bildeten sie zusammen ein schon bedeutendes Bächlein, das in unzähligen Wasserfällen, und in wunderlichen Windungen, das Bergtal hinabrauscht. Das ist sie nun die Ilse, die liebliche, süße Ilse.«

Der gut besuchte Weg entlang der Ilse trägt mittlerweile den Namen des Dichters. Und wer dem Rauschen und Plätschern des Flusses lauscht, dem erscheint womöglich auch, wie einst Heine, »die flötensüße Stimme: Ich bin die Prinzessin Ilse, Und wohne im Ilsenstein, Komm mit nach meinem Schlosse, Wir wollen selig sein …«

Das Ilsetal hat selbst Dichter verzaubert.

Bäumlersklippe

»Ewig und unwandelbar ist das Gesetz«

Ilsenburg

29 Bocholt Balzer, ein Forstbeamter aus Emmenrode, war seit wenigen Wochen Witwer. Nach elf Ehejahren verstarb seine Frau und Mutter des gemeinsamen Sohnes Martin. Durch sie war er einst zu einem gewissen Wohlstand gelangt. Eines Tages trat der Pfarrer Sörgel mit einer Bitte an den nun alleinerziehenden Balzer heran. Ein Kind, plötzlich Waise geworden, stand allein da. »Aber da haben wir nun die Hilde. Wohin mit ihr? Ihr kennt die Gräfin und wisst, wie's drüben steht, oder sagen wir, wie's im Herzen der Gnädigen aussieht, ihr Stolz wird größer sein als ihr Mitleid ...« Besagte Gräfin von Emmenrode war die Großmutter der kleinen Hilde. Der Sohn der Gräfin und Vater des aus einer

Bäumlersklippe

Sicherer geht es nicht.

Die Info macht Lust auf Fontane.

nicht standesgemäßen Beziehung zu einer Frau aus dem einfachen Volk stammenden Kindes war einige Jahre zuvor als Soldat gefallen. Nun war die Mutter ebenfalls gestorben, das Kind aber aufgrund von Standesdünkel ungeliebt und heimatlos. Bocholt Balzer, selbst von Schicksalsschlägen gezeichnet, zeigte Herz und nahm das Kind zu sich. Hilde und Martin wuchsen fortan als Stiefgeschwister auf. Nachdem der Stiefvater sich in Ausübung seines Amtes genötigt sah, einen Wilddieb zu erschießen, verspürte Hilde eine gewisse Furcht vor ihm. Das sprach sich schnell herum und der Forstbeamte wurde daraufhin im Dorf gemieden. Besonders deutlich zeigte sich das am Palmsonntag in der Kirche. Hilde »sah nun, dass ihr Vater auf seiner Bank alleine saß. Und ein ungeheures Mitleid erfasste sie für den in seiner Ehre gekränkten Mann, und sie vergaß ihre Angst und lief auf ihn zu und küsste ihn. Von Stund' an aber wär er jeden Augenblick für sie gestorben«. Der Kuss war ein entscheidender Schritt zur Rehabilitation des Familienvaters – und für das Zusammenwachsen der drei.

Jahre vergingen und die nahezu gleichaltrigen Stiefgeschwister entwickelten mehr als nur geschwisterliche Gefühle füreinander. Auch Vater Bocholt begann, Hilde zu begehren, zeigte seine Emotionen jedoch nicht offen. Als er durch Zufall hörte, wie Martin und Hilde sich zu einem Stelldichein verabredeten, packte ihn die Eifersucht. Er folgte den beiden, traf jedoch Martin allein auf der Klippe an. Es kam zum Streit, in dessen Folge der Vater seinen Sohn in die Tiefe stürzte. Da das Gelände unterhalb der Klippe als unzugänglich galt, wurde der Leichnam nie gefunden. Dem Vater gelang es, keinen Verdacht gegen sich aufkommen zu lassen. Nach einer angemessenen Zeit wurde der vermisste Martin für tot erklärt.

Drei Jahre später heirateten Bocholt und Hilde, doch die Ehe stand unter keinem guten Stern. Das gemeinsame Kind erkrankte und starb. Auf dem Rückweg vom Arzt kam Bocholt an der Klippe vorbei. Er meinte, die Stimme seines Sohnes aus der Tiefe zu hören, woraufhin er sich erschoss.

Fontane-Kenner werden die Geschichte längst erkannt haben. Es handelt sich um die 1881 erschienene Novelle *Ellernklipp*. Nach einem alten Harzer Kirchenbuch. Das Werk gehört zu einer kleinen Reihe, in der Theodor Fontane tatsächliche Kriminalfälle literarisch verarbeitete. Fontane erholte sich während eines Aufenthalts im Harz nicht nur, er ließ sich auch inspirieren. Etwa fünf Jahre vor seinem Roman *Cécile*, der unter anderem Bad Harzburg als Schauplatz verwendet, hatte der Schriftsteller offenbar von einem Fall aus der Ilsenburger Kriminalgeschichte gehört, dazu vermutlich auch Einblick in die örtlichen Kirchenbücher genommen. Im Jahr 1752 beging tatsächlich ein Jäger Bäumler hier Selbstmord, nachdem er seinen eigenen Sohn aus Eifersucht erschlagen hatte. Der Ort wurde nach ihm benannt und zieht heute neben Fontane-Freunden auch Wanderer an, die sich an der Aussicht erfreuen. Die Bäumlersklippe am Meineberg unweit des südlichen Ortsrandes von Ilsenburg ist unbedingt einen Besuch wert.

Die Fontane-Novelle jedenfalls hat kein Happyend. Hilde verfiel nach dem Tod ihres Ehemannes in Schwermut und starb bald darauf. Für ihren Grabstein verfügte sie die Inschrift: »Ewig und unwandelbar ist das Gesetz«.

Glockensteine

Gedenksteine am Tatort

Nordhausen Ortsteil Steigerthal

30 Nordhausen allein ist schon einen Besuch wert. Immerhin blickt die Stadt auf eine mehr als tausendjährige Geschichte zurück. In früheren Jahrhunderten galt Nordhausen als eine Perle der Fachwerkbaukunst. Während des Zweiten Weltkrieges fielen zahlreiche dieser Bauten den beiden Bombenangriffen der britischen Royal Airforce zum Opfer. Das Ziel für diese Angriffe war nicht zufällig gewählt, in der Region befanden sich einige für das nationalsozialistische Regime wichtige Produktionsstätten für Rüstungsgüter. In diesen Betrieben mussten unter anderem Häftlinge aus dem Konzentrationslager Mittelbau-Dora unter unmenschlichen Bedingungen Waffen bauen, die im zunehmend aussichtslos erscheinenden Krieg von den Nazis zum Einsatz gebracht wurden. Das Konzentrationslager nahe des sechs Kilometer nördlich von Nordhausen gelegenen Ortes Niedersachswerfen existierte lediglich rund anderthalb Jahre – dennoch kehrten von dort circa 20.000

Die Steigerthaler Kirche

Ersatz für den Turm: das Glockenhaus

Häftlinge und damit etwa jeder dritte Inhaftierte niemals nach Hause zurück. Leugnen oder Relativieren der Geschehnisse verbietet sich angesichts dieser Zahlen. Ein Besuch der Ausstellung verdeutlicht, welche grausamen Verbrechen Menschen an Menschen vor der Kulisse der Harzer Landschaft begangen haben.

Bei Niedersachswerfen treffen wir auf den an anderer Stelle bereits erwähnten Karstwanderweg. Folgen wir diesem in östliche Richtung, gelangen wir nach etwa fünf Kilometern in den Nordhäuser Ortsteil Steigerthal. Abseits größerer Fernstraßen konnten die etwa 400 Steigerthaler den dörflichen Charakter ihres Ortes bewahren. Erstmals erwähnt wurde Steigerthal im Jahr 1288, möglicherweise lebten aber schon vor diesem Zeitpunkt Menschen hier. Immerhin soll die örtliche St.-Katharinen-Kirche bereits im 12. Jahrhundert existiert haben. Ihre heutige Gestalt erhielt die Kirche durch Umbauten im 17. Jahrhundert. Bemerkenswert ist übrigens das separate Glockenhaus. Der einst vorhandene Glockenturm musste vor Jahrhunderten wegen Baufälligkeit abgerissen werden.

Steigerthal liegt idyllisch in einem Tal, umrahmt von größtenteils bewaldeten Bergen. Hier scheint jeder jeden zu kennen, man trifft sich zu Feiern in der Festhalle oder zum Schwätzchen in der Mitte des Dorfes im Schatten der alten Linde. Seit dem Ende der DDR haben viele der Einwohner ihre Häuser herausgeputzt, auch das Feuerwehrgebäude wurde saniert. Die Idylle scheint perfekt und dennoch ereigneten sich in Steigerthal einst schreckliche Dinge. Knapp einen Kilometer außerhalb des Ortes in südwestlicher Richtung finden sich an einer Wegkreuzung drei rätselhafte Steine. Ursprünglich hatten alle drei die Form eines Kreuzes, lediglich das mittlere ist heute noch als solches zu erkennen. Aufgestellt wurden die drei Kreuze im späten Mittelalter. Die denkwürdigen, etwas makaber wirkenden Steine behaupten seit Jahrhunderten ihren Platz am Waldrand. Die wenigen Quadratmeter ihres Standortes wirken wie vom Alltag ausgespart, die Stelle scheint seit Jahrhunderten unverändert. Forst- und agrarwirtschaftliche Arbeiten machen einen respektvollen Bogen um die der Verwitterung ausgesetzten Gedenksteine. Dabei sind derartige Sühnekreuze im Harz nichts Ungewöhnliches. Etwa 7.000 dieser Kreuze, die zur Sühne für einen Mord oder Totschlag aufgestellt wurden, soll es in ganz Europa geben. Die in der Nähe von Steigerthal jedenfalls erinnern an einen Glockengießermeister, der einst den Auftrag erhielt, für die eben erwähnte Steigerthaler Kirche eine neue Glocke anzufertigen. Doch dem Meister wollte das Werk nicht so recht gelingen. Mehrere Versuche wurden verworfen. Während seiner Abwesenheit versuchte der Geselle sein Glück – und auf Anhieb gelang ihm die perfekte Arbeit. Den Meister packte daraufhin der Neid und voller Zorn erschlug er seinen Gesellen. Geschehen sein soll dies am Standort der Kreuze, hier wurde auch der für seine Tat hingerichtete Mörder begraben. Bleibt die Frage, auf die auch die Sage keine Antwort bietet: Warum drei Kreuze?

Sagenhafter Gedenkort

Höchste Handwerkskunst

Rappbodetalsperre

Der Trinkwassertank

Oberharz am Brocken

31 Das Wetter im Harz kann manchmal ganz schön launig sein. Während im umgebenden Flachland die Sonne scheint, hängen zwischen den Bergen oft Nebelschwaden fest. Dafür bewegen sich im Sommer, wenn der Rest des Landes unter Hitze leidet, auf den höheren Gipfeln die Temperaturen im kühleren Bereich. Clevere Wanderer haben daher immer einen Pullover oder eine Jacke im Gepäck. Die Niederschlagsmengen im Harz sind im Vergleich zum Umland im Durchschnitt etwa doppelt so hoch. Zudem verteilen sich die Niederschläge sehr ungleichmäßig übers Jahr. Entsprechend stark schwankten auch die Wasserstände der im Harz entspringenden Flüsse und so litten deren Anrainer in den vergangenen Jahrhunderten häufig unter Hochwasser. Im Frühjahr nach der

Die gigantische Staumauer

Schneeschmelze oder im Sommer nach heftigen Gewittern konnten sich sonst leise talwärts plätschernde Gebirgsbäche zu reißenden Flüssen entwickeln und große Schäden anrichten. Die Bergbaustädte zum Beispiel im Bereich der Oder waren im Vorteil, dort übernahmen die Stauanlagen des Oberharzer Wasserregals die Regulierung der Flüsse schon seit Jahrhunderten, versorgten die Gewerbe mit Brauchwasser und reduzierten die Hochwasserschäden in den anliegenden Orten. Dagegen fehlten im Einzugsbereich des Flüsschens Bode entsprechende Anlagen. Spätestens im 19. Jahrhundert gab es ernsthafte Überlegungen, diesen Missstand zu ändern. Ein Ingenieur aus Thale namens Arnecke legte 1891 einen ersten Projektentwurf vor. Ein 150 Meter hoher Staudamm oberhalb der Hexenbrücke bei Thale sollte die Bode regulieren. Helmut Pape, bis Mitte der 1990er Jahre in leitender Stellung im Oberharzer Talsperrenbetrieb tätig, erinnert in einer Artikelserie der *Mitteldeutschen Zeitung* im fünfzigsten Jahr des Bestehens des Bodetalsperrensystems an die Anfänge. Demnach wären jenen ersten Projekten die Ortschaften Treseburg und Altenbrak zum Opfer gefallen. Außerdem wäre das in diesem Bereich landschaftlich reizvolle Bodetal unter den Wassermassen verschwunden. In den folgenden Jahrzehnten wurden neue Pläne erstellt – und ebenfalls wieder verworfen. Schließlich realisierte man ein System aus mehreren Vorsperren und nachgeschalteten Ausgleichsbecken. Dafür war es nicht notwendig, ganze Ortschaften umzusiedeln, lediglich einzelne Häuser mussten aufgegeben werden. Auf einer vom Talsperrenbetrieb des Landes Sachsen-Anhalt und dem Harzklubzweigverein Rübeland gemeinsam entworfenen, vor Ort aufgestellten Infotafel sind interessante Fakten vermerkt. So fanden 1936 die ersten Erdarbeiten an der Hauptsperre statt, parallel begann der Bau der Nebenanlagen. Dabei kamen neben Arbeitsdienstleistenden auch Zwangsarbeiter zum Einsatz. Nach Kriegsende erkannten auch die neuen Machthaber die Bedeutung des Projekts. Die in den Anfangsjahren der DDR von der Roten Armee herausgegebene *Tägliche Rundschau* titelte am 31. Dezember 1949: »Nach Neujahr beginnt der Bau des Bodewerks – Der größte Bauplatz der Republik«. Zunächst war von »Probebohrungen als Startschuss« die Rede.

Am 1. September 1952 beging man feierlich die Grundsteinlegung. Auch bei der Übergabe sieben Jahre später unter Anwesenheit ranghoher Politiker fehlte es nicht an großen Worten. Dabei hat auch das Geschaffene durchaus Größe. Die Höhe der Staumauer von 106 Metern wird von keiner anderen in Deutschland übertroffen. Dahinter bietet sich Raum für etwa 110 Millionen Kubikmeter Wasser. Der entstandene See nimmt eine Oberfläche von etwa 3,9 Quadratkilometern ein. Fjordartig und mit vielen Buchten zieht er sich auf einer Länge von acht Kilometern entlang des Tales. Einen besonderen Blick hat man von einer spektakulären Hängebrücke nahe der Staumauer. Für Adrenalinjunkies wurde 2012 eine Doppelseilrutsche eröffnet, an der man quasi im Flug talwärts gleiten kann. Beide Attraktionen erfordern Schwindelfreiheit. Wer es ruhiger mag, erwandert die Region. Dazu bietet sich auch die Rappbode-Vorsperre an. Diese dient der biologischen und mechanischen Vorreinigung des in die Hauptsperre eintretenden Wassers. Ein sechs Kilometer langer Rundweg führt um die Vorsperre. Von der Staumauer der Hauptsperre ist die Talsperre Wendefurth zu erkennen. Hier steht das Freizeitvergnügen im Vordergrund. Fast vergisst man dabei, dass dieser etwa 78 Hektar

Blick zur Talsperre Wendefurth

Eine Brücke für atemberaubende Aussichten

große Stausee eine wichtige Rolle für die Energieversorgung spielt – als Unterbecken für das Pumpspeicherwerk Wendefurth. Oft haben Eingriffe des Menschen in die Natur eben auch positive Auswirkungen auf das Leben der Menschen und die Umwelt.

Immerhin der Name der Talsperre war frei von Ideologie.

Rübeländer Tropfsteinhöhlen

Der Harz von unten

Oberharz am Brocken Ortsteil Rübeland

32 »Bald erhoben sich die nackten Felswände an beiden Seiten, ein schmaler Fußpfad lief an dem engen Flussbett entlang, ich war in Rübeland, ein Name, den man von ›Räuberland‹ herleitet, weil hier in alten Zeiten auf einem Felsen eine Räuberburg lag, die aber jetzt bis auf die Wallgraben verschwunden ist«. Seit Hans Christian Andersen, der wohl bekannteste dänische Dichter, 1831 in seinen *Reiseschatten* diese Eindrücke niederschrieb, hat sich Einiges verändert. Wo einst lediglich ein Fußpfad der Bode folgte, haben sich die B27 und die Rübelandbahn dazugesellt. Heute leben in den Häusern des Ortes knapp anderthalbtausend Menschen. Die rechts und links des Flusses relativ steil aufsteigenden Felswände reduzieren die Sonnenstunden im Tal. Eine Burg, vermutlich einst zum Schutz der örtlichen Eisenhütten angelegt, findet sich als Ruine erhalten am südlichen Ortsrand auf einem 450 Meter hohen Felsen. Ob sich von den hier einst ansässigen

Stalakmiten und Stalaktiten in der Baumannshöhle

Räubern der Name des Ortes ableitet, ist jedoch alles andere als sicher. Eine andere, auf Wikipedia angeführte Erklärung geht von einer Herkunft des Namens von »Roveland«, also »Raues Land«, aus. Das Adjektiv bezieht sich dabei auf die Bewohner.

Vor langer Zeit, vermutlich im 16. Jahrhundert, entdeckte Friedrich Baumann eine Karsthöhle. Der Bergmann war bei der Suche nach Eisenerz auf den Hohlraum gestoßen. Man staunte nicht schlecht über die Größe. Die nach ihrem Entdecker benannte Höhle hat immerhin eine Länge von knapp zwei Kilometern, davon sind etwa 800 Meter für einen eindrucksvollen Rundgang ausgebaut, der im Rahmen einer Führung erkundet werden kann. Ganzjährig herrschen hier etwa acht Grad, man sollte also etwas zum Drüberziehen dabei haben. Erste regelmäßige Führungen durch die bizarr geformte Tropfsteinwelt gab es bereits kurz nach dem Ende des Dreißigjährigen Krieges. Dass die Baumannshöhle zumindest in der Tierwelt schon weitaus früher bekannt war, belegen gefundene Skelette, unter anderem von Höhlenbären.

Bereits relativ früh wurde die Baumannshöhle über die Grenzen des Harzes hinaus bekannt. Heine, Leibniz und Goethe warfen seinerzeit sozusagen einen Blick auf den Harz von unten. Die Baumannshöhle ist in der Mitte des sonst eher ruhigen Ortes Rübeland nicht zu verfehlen. Rübeland ist gegenwärtig ein Ortsteil von Oberharz am Brocken. Der Verwaltungssitz dieses 2010 aus mehreren Ortschaften zusammengefügten 10.000-Einwohner-Städtchens ist Elbingerode. Die alten Namen der Ortschaften sind jedoch nach wie vor präsent.

Kaum 500 Meter von der Baumannshöhle entfernt machte am 28. Juni 1866 Wilhelm Angerstein eine folgenschwere Entdeckung. Der Vorarbeiter eines Straßenbautrupps stieß an diesem Tag während seiner beruflichen Tätigkeit auf den natürlichen Eingang zu einer weiteren Höhle, der Hermannshöhle. Diese ist etwa um ein Drittel größer als ihre ältere »Schwester«. Der Name der neuen Grotte geht auf Hermann Grotian zurück. Der Höhlenforscher veranlasste ab 1877 die Untersuchung. Erste Besuchergruppen stiegen am 1. Mai 1890 in die unterirdische Tropfsteinwelt hinab. Bereits mit Beginn des

Unscheinbarer Eingang zur Hermannshöhle

Kreativität der Natur

Führungsbetriebes gab es in der Höhle elektrische Beleuchtung. Verschmutzungen durch Fackeln wie in anderen Höhlen konnten damit verhindert werden, die Höhlenwände präsentieren sich unverfälscht in ihrer ursprünglichen Schönheit.

Aus den vielen sehenswerten Etappen des Rundwegs durch die Hermannshöhle sei an dieser Stelle der Olmensee hervorgehoben. In diesem etwa achtzig Zentimeter tiefen, künstlich angelegten Gewässer wurden Anfang der 1930er Jahre fünf aus Slowenien eingeführte Grottenolme ausgesetzt. Im Jahr 1956 kamen 13 weitere Exemplare hinzu. Mit etwas Glück kann man einen der 25 bis 30 Zentimeter langen, urzeitlich wirkenden Schwanzlurche entdecken. Die Form erinnert etwas an einen Aal, die Farbe liegt irgendwo zwischen weiß und fleischfarben. Zur Vermehrung der Tiere in der Hermannshöhle kam es bisher noch nicht. Gegenwärtige gesetzliche Regelungen sehen eine Ergänzung des Bestandes durch eine weitere Einfuhr kritisch. Wird eines Tages die Hermannshöhle um eine Attraktion ärmer?

Heiliger Teich

Das magische Wasser

Quedlinburg Ortsteil Gernrode

33 Einige Jahre lang konnte sich Gero I. der Gunst von Kaiser Otto I. erfreuen. Wegen diverser Verdienste wurde der Graf und Herr der Burg Gernisroth mit Titeln und Privilegien geehrt. Obwohl sich das Verhältnis der beiden später aufgrund einer Meinungsverschiedenheit deutlich abkühlte, blieb Gero bis zu seinem Lebensende im Jahr 965 der Titel Markgraf erhalten. Gero hatte, davon geht die Forschung aus, lediglich einen Sohn namens Siegfried. Dieser heiratete 952 standesgemäß die damals kaum dem Kindesalter entwachsene Adelstochter Hathui. Siegfried verstarb einige Jahre vor seinem Vater. Gero, nun ohne Erben, verfügte sein beträchtliches Vermögen dem von ihm gegründeten Gernroder Frauenstift. Noch heute dominiert die imposante

Der Heilige Teich

Die Stiftskirche in Gernrode

Stiftskirche als eines der ältesten und am besten erhaltenen frühromanischen Bauwerke das Ortsbild von Gernrode. Gero setzte seine damals gut zwanzigjährige Schwiegertochter als Äbtissin ein. Diese Funktion füllte Hathui über ein halbes Jahrhundert aus. Sie galt als gutherzige Frau und konnte sich einer gewissen Achtung erfreuen. Die Äbtissin ging voll in ihrem Amt auf. Als eine Art Auszeit vom Alltag dürften ihr wohl die regelmäßigen Spaziergänge zum etwa zwei Kilometer südlich von Gernrode gelegenen »Heiligen Teich« gedient haben. Am Ufer verbrachte Hathui manche Stunde, sammelte Kraft für ihre Aufgaben. Eine Sage berichtet, dass durch ihre Anwesenheit das Wasser des Teichs heilende Kräfte erhielt. Nach einer gewissen Zeit entwickelte sich der Ort zu einer Wallfahrtsstätte. Kranke hofften, die Äbtissin persönlich anzutreffen. Manche suchten Linderung durch den Kontakt mit dem Wasser.

Eines Tages wurde Hathui ans Bett einer Todkranken gerufen. Obwohl die Ordensfrau zu dieser Zeit selbst gesundheitlich eingeschränkt war, kam sie der Bitte nach. Die Wache am Bett der Sterbenden schwächte Hathui jedoch selbst so stark, dass sie bald darauf verstarb. Die Stunde ihres Todes fiel in jene Tageszeit, in der sie sich sonst am Heiligen Teich aufhielt. Als die Äbtissin im Kloster einem Blutsturz erlag, färbte sich das Wasser des Teiches für einige Tage rot.

Besucher unserer Tage sollten vom Heiligen Teich natürlich keine medizinischen Wunder erwarten. Das heutige am Ort befindliche Gewässer wurde auf Initiative von Fürst Viktor Friedrich von Anhalt-Bernburg im Jahr 1745 durch Errichtung eines Staudamms geschaffen. Grund für den Umbau war die geplante Wasserversorgung für den Bergbau. Jedoch erwies sich die Anlage als unwirtschaftlich und blieb praktisch ohne den ursprünglich vorgesehenen Zweck als Gewässer erhalten.

Der Gernroder Damenstift wurde Anfang des 17. Jahrhunderts aufgelöst. Die relativ wenigen noch vorhandenen Besitztümer wurden dem Haus Anhalt zugeführt. Die letzte Äbtissin führte fortan ein bürgerliches Leben und heiratete. Seit den 1880er Jahren führt die Trasse

Info für Wanderer

der Selketalbahn quasi mitten über den Teich. Ein eigens dafür errichteter Damm teilt das Gewässer. Bahnreisende sehen den Heiligen Teich somit aus einer besonderen Perspektive. Mit etwas Glück rattert ein dampfbetriebener Zug der bei Touristen sehr beliebten Schmalspurbahn über den Damm und bietet ein reizvolles Fotomotiv. Allerdings verkehren die meisten Züge auf der Strecke gegenwärtig mit moderner Dieseltraktion.

Gernrode hat wie viele andere Orte im Harz mit Veränderungen im Reiseverhalten nach der deutschen Wiedervereinigung zu kämpfen. Obwohl sich der heute etwa 3.000 Einwohner zählende Ort hübsch herausgeputzt hat, sind Probleme nicht zu übersehen. Die Gästezahlen gingen nach 1990 sprunghaft zurück. Staatliche Organisationen wie der FDGB der DDR als Betreiber der Ferieneinrichtungen fielen weg. Neue Investoren sahen sich mit dem Sanierungsrückstand und den dadurch nötigen Investitionen häufig überfordert und fanden nur zögerlich den Weg in den Harz. Inzwischen stabilisieren sich die Gästezahlen, die hübschen Hotels und Pensionen sind gut besucht. Allerdings ist nicht bekannt, wie viele der Urlauber speziell wegen der magischen Wirkung des Heiligen Teichs kommen.

Eva-Linde an der Stauffenburg

Ein Versteck für die Geliebte des Herzogs

Seesen Ortsteil Münchehof

34 Es gibt weitaus spektakulärere Burgen im Harz und dessen Umland als die Stauffenburg. Beispielsweise lockt die Stapelburg mit einer atemberaubenden Aussicht. Burg Falkenstein dagegen thront gut restauriert auf einem Höhenzug, vermittelt einen Eindruck vom Aufbau und der Funktion einer Anlage dieser Art. Mit beiden kann die Stauffenburg nicht mithalten und trotzdem lohnt sich ein Besuch. Errichtet wurde sie vermutlich im 11. Jahrhundert zum Schutz des Harzer Bergbaus. Große Weltgeschichte hat sich hier nicht abgespielt. Dafür zogen sich Streitigkeiten um den Besitz der Burg über Jahrhunderte hin. Seit gut zweihundert Jahren ist sie nun dem Verfall preisgegeben, vom ursprünglichen Bauzustand lässt sich nicht mehr viel zu erkennen. Die

Reste der Stauffenburg

wenigen heute noch vorhandenen Mauerreste sind durch Restauratoren gesichert worden. Versteckt zwischen hohen Bäumen und bewachsen mit Moos wirkt die Ruine düster und geheimnisvoll. Die Stauffenburg liegt auf einem 348 Meter hohen Berg etwa auf halbem Weg zwischen dem Seesener Ortsteil Münchehof und dem Bad Grunder Ortsteil Gittelde. Wegweisende Schilder sind nur wenige vorhanden, eine gute Karte oder GPS sind daher hilfreich für den Wanderer.

Neben dem einstigen Burgtor fällt eine uralte Linde auf. Der mächtige Baum mit seinem im Durchmesser rund zwei Meter dicken Stamm ist längst im Zerfall begriffen, nur einzelne Triebe zeugen von Leben in dem morschen Holz. Im Volksmund »Eva-Linde« genannt, erinnert der vor geschätzt vier Jahrhunderten gepflanzte Baumveteran an das Schicksal der Eva von Trott. Die aus einem bis in die heutige Zeit bestehenden Adelsgeschlecht stammende Frau kam 1522 im Alter von 16 Jahren als Hofjungfer nach Wolfenbüttel. Dort ließ sie sich auf eine Affäre mit dem etwa doppelt so alten Herzog Heinrich II. ein. Das Verhältnis blieb nicht ohne Folgen, Eva wurde schwanger. Doch, wie in Adelskreisen üblich, wurden zur Wahrung des Scheins moralische Verfehlungen unter den Teppich gekehrt. Die Geburt der ersten Kinder fand im Geheimen statt, offiziell wurde Eva auf Reisen geschickt. Eva sollte noch mehrere vorgetäuschte Reisen unternehmen, die sie tatsächlich häufig auf die im Besitz des Herzogs befindliche Stauffenburg führten, wo sie in neun Jahren die meisten ihrer zehn Kinder zur Welt brachte. Aufgezogen wurde der unwillkommene Nachwuchs inkognito im Schloss, Personen aus dem Umfeld des Herzogs gaben die Kinder als ihre eigenen aus. Mit Geld ließ sich eben schon seinerzeit Einiges regeln. Selbstverständlich aber war die Affäre nicht auf Dauer geheimzuhalten. Der Herzog, im Volksmund »der wilde Heinz« genannt, sah sich zu weitreichenderen Maßnahmen gezwungen. Er ließ den Tod seiner Mätresse vortäuschen, indem er Eva als Pestopfer ausgab. Bei einer inszenierten Verbrennung verschlangen die Flammen statt Evas Leichnam lediglich eine hölzerne Puppe.

Eva-Linde

Während Eva mit ihrem zehnten Kind schwanger war, wurde der Herzog aufgrund eines politischen Konflikts aus dem Land vertrieben. Eva musste ebenfalls fliehen. Auf Heinrichs Vermittlung fand sie 1558 im Kreuzstift zu Hildesheim eine neue Bleibe und verbrachte dort ihre letzten neun Jahre.

Frisches Grün aus alten Wurzeln

Der Lebenswandel des Herzogs sorgte seinerzeit für reichlich Gesprächsstoff. Kein Geringerer als Martin Luther erfuhr von den Vorgängen. Der Reformator, um deutliche Worte nicht verlegen, brachte seinen Unmut in der 1541 erschienenen Schmähschrift *Wider Hans Worst* zu Papier. Literarisch verarbeitet wurden die Vorgänge von Wilhelm Raabe, einem gesellschaftskritischen Vertreter des Poetischen Realismus. Rabe, in Eschershausen in der Nähe von Holzminden geboren, verbrachte große Teile seines Lebens in Wolfenbüttel und starb in Braunschweig. In seinen Werken setzte er sich häufig mit Ereignissen der Geschichte auseinander. In der 1841 erschienenen Novelle *Nach dem großen Kriege* wählte er als einen der Schauplätze Burg Trautenstein. Diese hatte, so lesen wir, vor zwei Jahrhunderten »der wilde Herzog« für seine schöne Mätresse Anna von Rhoda erbaut. Parallelen sind unverkennbar. Somit wird ein weiteres Mal der Beweis angetreten, dass die beste Inspirationsquelle für Geschichten eben doch das Leben selbst ist.

Bauerngraben

Der Teilzeit-See

Südharz Ortsteil Agnesdorf

35 »Mit diesem Bauerngraben hat es folgende Bewandniß wenn er voll Wasser ist, wie denn solches manchmal etliche Jahre sehr hoch steht, so pflegt die Gemeinde oder die Bauern zu Roßla ihn mit Fischen zu besetzen; trocknet er aber aus, so gehört der Grund und Boden als eine Ackerfläche nach Breitungen, und zwar dem dortigen Pfarrer, welcher darin säet und erntet, meistens Sommerfrucht, wie Gerste, Hafer, Erbsen, Bohnen, Flachs, welche oft guten Ertrag geben, weil der Boden sehr fett ist«. Mit diesen Worten beschrieb ein gewisser Herr Kranold, Autor der 1740 erschienenen Chronik *Die landschaftlichen und geschichtlichen Merkwürdigkeiten der güldenen Aue*, den größten episodischen See der Region. Nun sind ja Karsterscheinungen im südlichen Teil des Harzes keine Seltenheit und auch deren Ursprünge sind seit

Am Bauerngraben

Gerade ist er ohne Wasser.

Jahrhunderten bekannt. Dennoch üben derartige Phänomene, zumal in dieser Größe, eine Faszination aus. Im gefüllten Zustand kann der Bauerngraben durchaus eine Wasserfläche von 350 Metern Länge und hundert Metern Breite einnehmen. Etwa 200.000 Kubikmeter Wasser finden dann darin Platz. Die Senke, etwa zehn bis 15 Meter tief, wird von einer geschätzt fünfzig bis sechzig Meter hohen Steilwand begrenzt. Im Leerzustand durchfließt der Bach in ein paar Windungen den Grund, um am Ende im Boden zu verschwinden. Genau kann man nie vorhersagen, wie sich das Gelände gerade präsentiert, sicher ist nur, dass der Wanderer nicht planen kann, in welcher Gestalt er den Bauerngraben zu sehen bekommt. So können auch die Bilder in diesem Buch nur eine Momentaufnahme sein. Das Auf und Ab des Wasserstandes folgt keinem gleichmäßigen Rhythmus. Mal sammelt sich über einige Jahre hinweg das Wasser des den See speisenden Glasebachs in der Senke, dann wieder versickert es praktisch sofort im Gipsgestein. Wo genau es dann wieder zutage tritt, ist laut Wikipedia selbst bis in die Gegenwart nicht restlos geklärt.

Die Launen des Glasebachs und die Unberechenbarkeit des Weges, den das Wasser wählt, nahmen seit jeher Einfluss auf das Leben in der Region. Christel und Reinhard Völker berichten in ihrer 1983 in Uftrungen erschienenen Schrift *Der Bauerngraben* aus der Reihe *Mitteilungen des Karstmuseums Heimkehle* über eine Auseinandersetzung im 18. Jahrhundert im Zusammenhang mit dem Kupferbergbau. Ein langer Streit zweier Bergbauunternehmen, die das Wasser des Glasebachs jeweils für sich nutzen wollten, beschäftigte selbst ranghöchste Stellen. Wortreiche Anträge, das Für und Wider der Regulierung betreffend, wurden hin und her geschickt. Es bot sich die Möglichkeit, die Wasserkraft des Glasebachs für den Bergbau zum Antrieb einer Wasserkunst zu nutzen. Dagegen war in die Stollen der Bergwerke eindringendes Wasser hinderlich und in großen Mengen nicht beherrschbar. Untersuchungen wurden durchgeführt – und zogen sich in die Länge. Letztendlich gerieten beide Unternehmen in wirtschaftliche Schwierigkeiten.

Seit 1961 steht das Gebiet unter Naturschutz. Wer sich nicht die Mühe machen möchte, den 233 Kilometer langen, am Bauerngraben vorbeiführenden Karstwanderweg in seiner gesamten Länge zu erkunden, kann auch den Parkplatz an der Landstraße etwa auf halber Strecke zwischen Roßla und Agnesdorf nutzen. Von dort ist nur ein knapp 15-minütiger bequemer Fußmarsch zu bewältigen. Der Weg sollte jedoch nicht verlassen werden, denn das Gelände mit seinen schroffen Felsen und teils tiefen Spalten, geformt nach den Launen der Natur, ist nicht ungefährlich. Von diesen Launen berichtete der bereits eingangs zitierte Herr Kranold:

»Freilich ist es auch schon geschehen, daß schon die Mandeln darin standen, und des anderen Tages, wenn die Erntewagen hinausfuhren, die Frucht einzubringen, das schwamm alles lustig im Wasser, das des Nachts wieder eingetreten. So sagte Magister Grützmann zu Breitungen, als er einstmal ein schönes Stück Bohnen darin bestellt, und solches vor dem Einernten unter Wasser gestellt fand, scherzend zu seinen Leuten: er hätte eine große Bohnensuppe gemacht …«

Lutherbuche

Der Spaziergang des Reformators

Südharz Ortsteil Stolberg

36 »Als anno 1525 freitags nach Ostern Dr. Martin Luther Stolberg besuchte und mit seinem Freunde Reiffenstein auf diesen Berg spazierte, verglich er die Stadt Stolberg gar füglich einem Vogel. Das Schloss meine Er, wäre der Kopf, der Markt der Rumpf, die beiden Gassen die Flügel, die Niedergasse der Schwanz.« Was auf einer Infotafel an besagtem Ort zu lesen ist, stimmt im Grunde heute noch. Denn wie häufig in Gebirgssiedlungen bestimmt die Geländestruktur den Grundriss des tausend Einwohner zählenden Städtchens. Die Gassen mit den Häusern folgen den Bächen entlang der Täler, Große Wilde, Kleine Wilde und Lude vereinigen sich zur Thyra. Überregionale Bedeutung haben die Flüsse nicht, die Thyra fließt über Helme und Unstrut schließlich der Saale zu.

Blick auf Stolberg

In jenen Frühlingstagen des Jahres 1525 zog Martin Luther übers Land. Gut sieben Jahre nach seinem historischen Thesenanschlag predigte der Reformator in der Stolberger Stadtkirche St. Martini. Dabei dürften im Hinblick auf die Bauernaufstände durchaus deutliche, bisweilen auch derbe Worte gefallen sein. In seiner im gleichen Jahr erschienenen Schrift *Wider die Morderischen und Reubischen Rotten der Bawren* hielt er mit seiner Meinung nicht hinterm Berg und schrieb, »man soll sie zerschmeißen, würgen, stechen, heimlich und öffentlich, wer da kann, wie man einen tollen Hund erschlagen muß«. Wie seine Zuhörer darauf reagierten, ist nicht überliefert. Möglicherweise sorgte seine Predigt für heftige Diskussionen, richteten sich Luthers Worte doch auch gegen seinen in Stolberg geborenen einstigen Weggefährten Thomas Müntzer. Müntzer wurde nach seinem Studium zum Priester geweiht und war zunächst glühender Anhänger Luthers. Zu Beginn der 1520er Jahre kam er mit radikalen Gruppierungen der Reformation in Berührung. Dadurch reifte in Müntzer zunehmend die Auffassung, dass die von Luther geforderten Reformen nicht nur die kirchlichen Strukturen betreffen, sondern auch weltliche soziale Fragen nicht ausklammern sollten. Das brachte ihn zunehmend in Konflikt mit Luther. Thomas Kaufmann, Professor für Kirchengeschichte an der Uni Göttingen, bringt es in *ZEIT-Geschichte*, Heft 5/2016, auf den Punkt: »Während Luther den sächsischen Landesherrn als ordentliche Macht für alternativlos hielt, richtete sich … Müntzer an den kommunalen Obrigkeiten als jene Instanzen aus, die berechtigt seien, das Kirchenwesen zu gestalten. … Müntzer vertrat die Auffassung, dass eine gerechte, gottgewollte Ordnung von den ›Heiligen‹ mit dem Schwert durchgesetzt werden müsse … Luthers landesherrliches Reformprogramm aber gewährt den Fürsten ein Gewaltmonopol.«

Die Situation spitzte sich zu. Rund neun Monate vor Luthers Besuch in Stolberg wetterte Müntzer: »Lasset die Übeläter nicht länger leben, die uns von Gott abbringen. Denn ein gottloser Mensch hat kein Recht zu leben, wo er die Frommen behindert. Darum, ihr teuren Väter von Sachsen, ihr müßt es wagen um des Evangelium willen.« Die Obrigkeit

Hier hielt schon der Reformator inne.

sei gefordert, die Gottlosen zu bestrafen. »Wenn dies nun auf redliche Weise und füglich geschehe, so sollen es unsere Väter, die Fürsten tun, die Christentum mit uns bekennen. Wo sie aber das nicht tun, so wird ihnen das Schwert genommen werden. Luther war anderer Meinung. Es ist überliefert, dass dem Reformator im Streit auch schon mal das Temperament durchging, er mitunter sogar seine christliche Barmherzigkeit vergessen konnte. Dagegen dürfte der Spaziergang zum Hang oberhalb des Marktes Balsam für die gestresste Seele Luthers gewesen sein. Die heute vor Ort befindliche Lutherbuche stammt jedoch aus späterer Zeit, in der man sich aber offensichtlich immer noch gern an Luthers Besuch erinnerte.

Wenige Tage nach Luthers Abreise wurde Müntzer nahe Bad Frankenhausen gefangen genommen und hingerichtet. Die Bauernaufstände verebbten, ohne dass die von Müntzer aufgezeigten sozialen

Hilfreiche Navigation

Lutherbuche 2.0

Missstände nennenswert verbessert wurden. Luthers Reformen dagegen schrieben Geschichte und veränderten die Kirchenlandschaft. Die weltliche Ordnung blieb erhalten.

Bei dem eingangs erwähnten Freund Luthers handelt es sich übrigens um Wilhelm Reiffenstein, damals Inhaber des »Gasthofs am Markt«. Dort nächtigte der Reformator bei seinem Besuch. Noch mehr Details finden sich darüber in der *Stolbergischen Kirchen- und Stadthistorie* von Johann Arnold Zeitfuchs aus dem Jahr 1717. Dort ist sogar die Zeche genauestens dokumentiert. Demnach sei Luther »unter anderem mit vier Kannen Rhein-Wein und vier Stübchen Einbecker Bier« beschenkt worden.

Großer Auerberg

Der Eiffelturm des Harzes

Südharz Ortsteil Stolberg

37 »Fast erschreckt tritt man unerwartet in das Städtchen Stolberg gerade aus dem schon langweilig gewordenen Buchendunkel hinein – ein trister, armseliger Ort, eingeklemmt in die hohen Berge, von seinem weißen Schloss beherrscht, das wachsam in die drei Spalten herabblickt, in die zweitausend Menschen, meistens Leinenweber und Kornhändler ihre Nester zusammengequetscht haben«. Wilhelm Blumenhagen, ein in Hannover geborener Arzt und Schriftsteller, berichtet an dieser Stelle wenig Schmeichelhaftes von seiner Reise durch den Harz. Der Autor streifte in den 1830er Jahren durch das Gebirge und besuchte manche Ortschaft. Sein Buch *Der Harz aus jenen Tagen* liefert ein anschauliches Porträt des damaligen Lebens. Das Schloss beherrschte seit Jahrhunderten schon aufgrund seiner Lage das Ortsbild. Von dort regierten bis ins 20. Jahrhundert hinein die Mitglieder des 1210 erstmals erwähnten Grafengeschlechts Stolberg ihre Provinz. Eine Burg dürfte sich jedoch schon lange vorher hier befunden haben. Einige Teile des Schlosses entstanden Mitte des 16. Jahrhunderts im Stil der Renaissance, das heutige Erscheinungsbild basiert jedoch auf den im Stil des Barock um 1700 ausgeführten Umbauten. Als Blumenhagen die Stadt besuchte, dürften sich gerade die Räume im ersten Obergeschoss in der Hand der Innenarchitekten befunden haben. Er verzichtete auf einen Besuch des Schlosses, schwärmte jedoch, »es soll eine artige Bildergalerie, eine Sammlung seltener Uhren, viele Familienporträts und alte, kunstvolle Stickereien enthalten« haben. Gegenwärtig saniert man die sichtbaren Folgen der Vernachlässigung in der zweiten Hälfte des 20. Jahrhunderts. Die Besucher sollen wieder einen Eindruck vom einstigen Glanz der Anlage erhalten.

Auf seinem Weg in die Stadt lief Wilhelm Blumenhagen an einer neu geschaffenen Attraktion vorbei. Er schrieb dazu: »Durch jahrelange

Turm auf dem Auerberg

Anstrengung hat es der regierende Graf vermocht, auch seinem düsteren Stolberg einen lichtern Freudenplatz zu erschaffen, einen Anlockungsort für die Reisenden. … Hoch auf dem finsteren Auerberg – der seinen Namen sicherlich dem altgermanischen Ur oder Auerochsen verdankt – wurde durch Sprengung des weißlichen Porphyrfelsens und durch Ausrodung zahlreicher Waldbäume ein freies Plateau geschaffen

Unverkennbare Parallelen zum Pariser Vorbild

und dieses durch einen so originellen wie geschmackvollen Turmbau geschmückt. Ein kühnes und großartiges Werk! Auf einem fünfstufigen Fundament, das mit einem starken und kunstreichen Eisengitter umstellt ist, erhebt sich über einer mit Türen und Fenstern versehenen Steinhalle ein übergroßes, vom stärksten Balkenwerk gänzlich durchbrochen gearbeitetes, innen wie außen besteigbares Kreuz, vielleicht das kolossalste Nachbild dieses heiligen Zeichens.« Eröffnet wurde der beschriebene Aussichtsturm 1834, der Entwurf stammt aus der Feder von Karl Friedrich Schinkel.

Der Auerberg hatte für die Stolberger seit jeher den Status eines Hausberges. Von der Ortsmitte sind es kaum fünf Kilometer in östliche Richtung. Besucher unserer Tage nutzen die Straße zwischen Stolberg und Straßberg.

Damals wurden Traditionen auf dem Auerberg gepflegt, denn, so Blumenhagen, »schon seit langem war es ein lobenswerter Gebrauch der Stolberger, in der Frühe des Pfingstmorgens hierher zu wallfahren und im jung belaubten Holz das Maienfest mit frommen Gesängen zu beginnen. Das jährliche Wiesenfest der Stolberger wird jetzt ebenfalls auf diesem Lieblingsfleck begangen und hatte erst vor kurzem Ende Juli stattgefunden. Graf Joseph teilte diese Feier und erschien mit seiner Familie und seinen Gästen in Staatsequipagen auf der Höhe, wo ein großes Zelt für die edle Gesellschaft bereitstand. Die Kanonen von Stolberg donnerten über den Wald hinaus, militärische Jägermusik weckte die Baum- und Bergnymphen … und die Stolberger Schützen schossen um die Königskette.«

An dem hölzernen Turm mussten bereits um 1850 erste Teile erneuert werden. 1880 brannte das Bauwerk nach einem Blitzschlag nieder, doch bereits 16 Jahre später konnte der neue, heute noch vorhandene Turm seiner Bestimmung übergeben werden. Die Form lehnt sich stark an Schinkels Entwurf an. Allerdings war für die Ausführung der Pariser Eiffelturm unverkennbares Vorbild. Wie bei dem nur wenige Jahre

Der Walderlebnispfad und seine Markierungen

Er wirkt, wie für die Ewigkeit gebaut.

zuvor an der Seine eröffneten Turm handelt es sich bei dem Josephskreuz um eine Stahlfachwerkkonstruktion. Das 125 Tonnen schwere, 38 Meter hohe Bauwerk wird von etwa 100.000 Nieten zusammengehalten. Die vier Arme des Kreuzes ragen dabei in alle Himmelsrichtungen. Noch heute gilt, was Blumenhagen damals über das Schinkel-Holzkreuz schrieb: »Die Aussicht auf der Josephshöhe ist schön und reicht weit. Man sieht östlich den Magdeburger Dom, die Fluren der Elbe und der Saale, die Türme von Halle. Südlich, wohin die Durchsicht besonders gelichtet ist, erscheint das Labyrinth des Thüringer Waldes mit seinem köstlichen Vordergrund, freilich nähert sich diese Form nur dem Falkenauge oder muss durch ein gutes Sehrohr herangelockt werden.« Wie gering erscheint angesichts solcher Aussichten die Mühe der zu bewältigenden 200 Stufen – und das zu entrichtende Eintrittsgeld.

Heimkehle

Deutschlands größte Gipsschauhöhle

Südharz Ortsteil Uftrungen

38 »Unser Führer zeigt uns am linken Ufer des Riegelteiches in der Decke ein 75 Zentimeter breites Loch und ruft uns zu: Hier, meine verehrten Herrschaften, müssen sie einmal wie der kleine Däumling in Grimms Märchen durch das Schlüsselloch kriechen. Wer aber die Mühe scheut oder einen größeren Leibesumfang hat wie die Öffnung kann sich für 50 Pfennig mit dem Kahn übersetzen lassen. Schnell ziehen die Damen ihre Brieftaschen, um sich vom Aufstieg zum Schlüsselloch zu erlösen.« Nicht frei von derartigen Belustigungen war ein Höhlenbesuch im Jahr 1920. Christel und Reinhard Völker erinnern in Heft 10 der *Mitteilungen des Karstmuseums Uftrungen* an – so der

Der kleine Dom

Der Heimensee

Titel – *Die Erschließung der Heimkehle*. Sie zitieren in diesem Zusammenhang diese und andere zeitgenössische Beschreibungen. Höhlenführungen waren damals illustriert mit Lichteffekten, akustischen Demonstrationen und anderen Spektakeln bis hin zu gemeinsamen Gesängen. Da konnte der wissenschaftliche Hintergrund schon mal etwas zu kurz kommen.

Ein Stolberger Rektor war zu Beginn des 20. Jahrhunderts von der damals zwar bekannten, jedoch weitgehend unbeachteten Grotte angetan und wollte die Karsthöhle der Öffentlichkeit zugänglich machen. In einem lokalen Fabrikbesitzer fand er einen Geldgeber. Für die bauhandwerkliche Umsetzung der Idee fanden sich bald begeisterte Gleichgesinnte zusammen. Durch den Ersten Weltkrieg verzögerten sich die Pläne, doch 1920 konnten die ersten Besucher durch die Höhle geführt werden. Und während wagemutige Herren durch die oben erwähnte Felsspalte kletterten, liefen im Hintergrund abseits der Besucherroute weitere Erschließungsarbeiten. Die Höhle wurde innerhalb kürzester Zeit zum Publikumsmagneten. Der finanzierende Unternehmer wollte natürlich Rendite, so entstanden zudem ein Hotel, ein Gondelteich sowie ein Andenkenkiosk mit dem üblichen Kitsch. Eine lokale Schriftstellerin wurde beauftragt, ein Märchenbuch mit erfundenen Geschichten rund um die Höhle zu schreiben. Sogar ein Höhlenbrettspiel wurde verkauft, in dessen Regelwerk es beispielsweise heißt: »Kommt man mit seiner Figur nach entsprechenden Würfen auf Feld 70 zum stehen, heißt es: Der Höhlenforscher hat die Schachtel mit bengalischem Feuer am Höhleneingang liegen lassen. Er geht zurück auf Nr. 34 um das Vergessene zu holen.«

Ab 1944 war Schluss mit der zivilen Nutzung. Der wahnwitzige »totale Krieg« der Nationalsozialisten war längst aussichtslos, dennoch mussten KZ-Häftlinge die Höhle in Teilbereichen zu einer Produktionsstätte für Rüstungsgüter ausbauen. Die Firma Junkers sollte nach dem Willen des Reichsluftfahrtministeriums eine Fertigungsstätte für Teile ihrer Kampfflugzeuge bombensicher unter Tage verlagern. Der Charakter des Naturdenkmals wurde verändert – ja, man kann sagen teilweise zerstört. Die Höhlenseen, die einen großen Teil der Grotte eingenommen hatten, wurden zubetoniert. Pfeiler und Wände wurden eingezogen und die Zugänge verändert. Nach Kriegsende kam es zu Sprengungen durch die Alliierten. Eine Wiedereröffnung als Schauhöhle fand 1954 statt, bis dahin wurden alle Spuren der Rüstungsproduktion entfernt. Lediglich der von den Nationalsozialisten auf den Boden gegossene Beton musste belassen werden, eine Sprengung hätte eine Gefahr für die gesamte Höhle bedeutet. Heute kann die Höhle deshalb »trockenen Fußes« besichtigt werden.

Der Höhleneingang befindet sich etwa auf halbem Weg an der

Eingang in die Unterwelt

Das Schlauchboot auf dem Thyrasee dient Wartungsarbeiten.

Straße zwischen Uftringen und Rottleberode. Zum Gedenken an die Verbrechen der Nazis gibt es vor und in der Höhle Orte der Erinnerung.

Die Heimkehle – was aus dem Mittelhochdeutschen übertragen nichts anders als »heimlicher Keller« bedeutet – wurde übriges bereits im Jahr 1357 erstmals urkundlich erwähnt. Von der gesamten Länge von rund zwei Kilometern sind etwa 600 Meter für Besucher zugänglich. Für Fachleute und Laien gleichermaßen beeindruckend ist die Größe einzelner Hohlräume. Der »Große Dom« zum Beispiel hat eine Höhe von 22 und einen Durchmesser von 65 Metern. Entstanden sind die Räume durch Karsterscheinungen. Da der hier vorhandene Sulfatkarst nach wie vor laufenden Veränderungen unterworfen ist, wird die gesamte Höhle ständig durch Messungen überwacht.

Im *Sachsen-Anhalt-Journal*, Heft 2/2018, herausgegeben vom Heimatbund Sachsen-Anhalt e.V., informieren Axel Stäuberl und Claudia Hacke noch über einen weiteren Aspekt der Höhlenforschung. Demnach bietet die Heimkehle einen Ruheplatz für 15 Fledermausarten. Insgesamt sollen sich hier jährlich etwa 5.000 Tiere zum Winterschlaf einfinden.

Weißer Hirsch

Sagenhafte Begegnung

Thale Ortsteil Treseburg

39 Der ertragreiche Bergbau im Harz brachte in den vergangenen Jahrhunderten Arbeit und Brot für das Volk und einen gewissen Wohlstand für die Grubenbesitzer. Diese Tatsache sprach sich im Rest des Kontinents herum. Abenteurer von überallher zogen in den Harz in der Hoffnung auf den großen Reichtum. Nicht wenige dieser Glücksritter kamen aus der Region Venetien. Diese mit ihrer dunkleren Hautfarbe leicht als Fremde erkennbaren Menschen machten die Harzer durchaus argwöhnisch. Hinzu kam, dass die Venezianer nicht sonderlich daran interessiert waren, zu viel über die Gründe ihres Strebens nach edlen Metallen und Mineralien preiszugeben. Denn damals war die Gegend um die Lagunenstadt an der Adria bereits berühmt für ihre Glasherstellung und das Schmuckhandwerk. Die Venezianer waren allerdings

Blick auf Treseburg

Sonniges Plätzchen über dem Bodetal

auf die Hilfe der Harzbewohner angewiesen, die ihre Kenntnisse der örtlichen Gegebenheiten jedoch nicht ohne Weiteres preisgeben wollten. So hielten sich die Kontakte in Grenzen. Im Grunde blieben die Venezianer den Harzern immer fremd und rätselhaft. So verwundert es auch nicht, dass die mysteriösen Fremdlinge von jenseits der Alpen in einer ganzen Reihe von Sagen eine Rolle spielen. Beispielsweise erzählt man von zwei Venezianern, die einst im Harz unterwegs waren. Auf ihrer Suche nach Schätzen legten sie im Wald eine Rast ein. Sichtlich erschrocken registrierten die zwei das plötzliche Auftauchen eines weißen Hirsches. Das stolze Tier war, wie sich herausstellen sollte, auf der Flucht vor Jägern. Fasziniert von der Schönheit des Hirsches nahmen die Venezianer die Verfolgung auf. An einem Felsvorsprung angelangt, blieb dem Tier kein anderer Weg als den steilen Abhang hinunter ins Tal. Im Grund des Tiefenbachs war er schließlich buchstäblich wie vom Erdboden verschluckt. An der Stelle seines Verschwindens fand man daraufhin ergiebige Erzvorkommen. Die hier geförderten Rohstoffe hielten lange Zeit den Betrieb der Eisenhütten in Thale und Altenbrak am Leben.

Bei der eben geschilderten Begegnung soll es sich um einen verwunschenen Jäger gehandelt haben. Vermeintliche Augenzeugen sprachen noch lange Zeit von seinem Wiedererscheinen an besagter Stelle, jeweils am 24. Juni. Im Allgemeinen gelten weiße Hirsche als Besonderheit. Um die Tiere rankt sich ein weit verbreiteter Mythos. Unter Jägern erzählt man, wer eines jener Tiere tötet, stirbt innerhalb des folgenden Jahres. In der Regel handelt es sich bei weißen Hirschen um Albinos, also Tiere mit einer Pigmentstörung. Doch es gibt auch Geweihträger, die genetisch bedingt über ein weißes Fell verfügen. Einige davon leben zum Beispiel im nordhessischen Reinhardswald. Wie ntv am 27. Mai 2017 berichtete, sind Wissenschaftler der Liebig-Universität Gießen mit der Untersuchung des Phänomens beschäftigt. Über den aktuellen Stand der Forschungen informiert der Arbeitskreis Wildbiologie auf www.uni-giessen.de. Geben Sie einfach die Schlagworte »Weißer Hirsch« und »Universität Gießen« in Ihre Suchmaschine ein.

Artenvielfalt im Bodetal

Zurück zur sagenhaften, unter dem Namen Weißer Hirsch bekannten Felsklippe. Wir erreichen den Aussichtspunkt nach einem nur wenige Meter langen, dafür aber steilen Aufstieg. Immerhin sind vom Parkplatz unweit des Kreisverkehrs in der Ortsmitte von Treseburg etwa 150 Höhenmeter zu überwinden. Eine gute Ausschilderung zeigt den Weg. Oben angekommen reicht der Blick über die Gipfel der Umgebung bis zum Brocken. Unten weitet sich das Tal der Bode zu einem kleinen Kessel. Dort sehen wir, Spielzeugmodellen gleich, die Häuser der knapp hundert Einwohner von Treseburg, einem Ortsteil der Stadt Thale. Lange überragte den Ort die namensgebende Treseburg, doch deren Spuren sind heute fast völlig verschwunden. Der Ort an der Bode bietet mehrere Übernachtungsmöglichkeiten, denn Wanderer brechen von hier aus gern zu Touren auf. Von Treseburg erreicht man zum Beispiel gut den Hexentanzplatz oder die Roßtrappe. Vor allem aber lohnt der Weg flussabwärts durch das wildromantische Bodetal.

Goethefelsen

Granit für den Dichterfürsten

Thale

40 Eine Wanderung durch den zehn Kilometer langen Abschnitt des Bodetals zwischen Treseburg und Thale gehört zu den schönsten Erlebnissen im Harz. Die wild-romantische, tief eingeschnittene Schlucht bietet Lebensraum für seltene Pflanzen und Tiere. Um die Bestände von Wanderfalke, Feuersalamander, Alpenaster und Hirschzunge nicht weiter zu gefährden, steht das Gebiet unter Naturschutz. Unterwegs im Bodetal lohnt es sich, den einen oder anderen Ort genauer in Augenschein zu nehmen. Einer dieser Orte befindet sich einen Kilometer südlich von Thale am linken Ufer der Bode. Beim Anblick der markanten Felsformation ist es wenig verwunderlich, dass sich gleich mehrere Sagen um den auch Siebenbrüderfelsen genannten Granitbrocken ranken. Eine davon sei hier beispielgebend erwähnt. Demnach sollen einst sieben Brüder, die allesamt nicht den besten Ruf genossen, um die Hand einer schönen Jungfrau angehalten haben. Die Holde jedoch wollte nichts von den

Im Bodetal

raubeinigen Gesellen wissen. Immerhin war bekannt, dass die Sieben ihren Lebensunterhalt durch Räubereien bestritten. Doch die Brüder bedrängten das Mädchen weiter. Die Schöne schwang sich auf ihr Pferd und flüchtete. Die sieben Räuber folgten, es gelang ihnen, den Abstand zu verringern. Plötzlich donnerte und blitzte es. Das Mädchen wandte sich um und fand die Verfolger zu dem beeindruckenden Gebilde versteinert am Bodeufer vor.

Der Siebenbrüderfelsen

Etliche Jahrhunderte später, am 28. August 1949, versammelte sich eine feierliche Gesellschaft am gleichen Ort. Der Zweite Weltkrieg war vorbei, die Nation besann sich ihrer humanistischen Traditionen. Anlässlich des 200. Geburtstages eines der größten deutschen Dichter erhielt der Siebenbrüderfelsen den Namen Goethefelsen. »Der Geist aus dem wir handeln ist das Höchste«, wird der Dichter auf der Gedenktafel zitiert. Diese Worte aus *Wilhelm Meisters Lehrjahre* scheinen gut gewählt, sah sich doch Goethe zeitlebens selbst als Lernender. Drei größere Reisen führten den damals als Minister tätigen Mann in den Harz. Mit dem *Werther* hatte er bereits hohe Popularität erlangt. Diese empfand er manchmal sogar als unangenehm, weswegen er unter einem Pseudonym reiste. Sein Dienstherr und Freund, der Herzog am Weimarer Hof, beauftragte ihn unter anderem mit der Wiederbelebung des Bergbaus. Bei seinen Besuchen in den Bergwerken des Harzes dürften daher die dortigen Arbeitsmethoden Goethe besonders interessiert haben. Vielleicht konnten die Erfahrungen der Bergleute am Rammelsberg auch hilfreich für das heimatliche Montanwesen sein? Neben Goslar besuchte er zu diesem Zweck mehrfach die damals noch eigenständigen Städte Clausthal und Zellerfeld. Einmal sei Goethe unter Tage nur um Haaresbreite von einem herabstürzenden Steinbrocken verfehlt worden. Der Aufenthalt in einem Stollen war seinerzeit noch um ein Vielfaches gefährlicher als heute. Selbst die Einfahrt in ein Bergwerk glich einem Abenteuer. Der Höhenunterschied wurde über ein System von Leitern oder später mittels einer Fahrkunst überwunden. Abstürze mit schweren Verletzungen waren keine Seltenheit, auch zu Todesfällen kam es.

Diese Tatsachen beeinträchtigten Goethes Faszination für die Welt der Gesteine kaum. Neben dem Bergbau als Gewerke galt sein Interesse der Mineralogie als Forschungszweig. Manchen Tag verbrachte er im Harz mit Gleichgesinnten. In Zellerfeld traf er den in Fachkreisen geschätzten Friedrich Wilhelm Heinrich von Trebra. Befreundet mit Goethe seit den gemeinsamen Ilmenauer Tagen war der Absolvent der neugegründeten Bergakademie Freiberg unter anderem eine Zeitlang in leitender Stellung im Bergbau des Erzgebirges tätig. Noch heute hütet die TU Clausthal den Schrank mit von Trebras gesammelten Gesteinsproben. Auch Goethe konnte Erfolge mit seinen mineralogischen Forschungen erzielen. Seinerzeit spalteten sich Geologen in zwei Lager. Die »Plutonisten« behaupteten, Steine seien ausschließlich aus Magma entstanden, die »Neptunisten« dagegen sahen als Ursache für deren Bildung Erosionsprozesse, Ablagerungen, sogenannte Sedimente. Goethe und von Trebra fanden eine Mischung aus beiden Gesteinsarten. Eine aus dem entsprechenden Material gefertigte Tischplatte befindet sich heute noch in Goethes Gartenhaus in Weimar.

Auch der Siebenbrüderfelsen war ein Objekt von Goethes geologischer Wissbegier. Manches Stück des Granits dürfte im Reisegepäck des Dichters gelandet sein. Heutige Besucher sollten ähnliche Pläne nicht verfolgen, immerhin würden sie damit den Naturschutz missachten. Dieser gilt seit 1937 für den gesamten Abschnitt des Bodetals zwischen Treseburg und Thale und nimmt eine Fläche von rund 437 Hektar ein.

Ein paar Meter flussabwärts findet sich direkt an der Bode eine relativ flache Granitplatte, zu der eine Treppe hinabführt. Hier soll Goethe am 11. September 1783 eine Rast eingelegt haben. Wen wundert es, dass die kalte harte Sitzgelegenheit heute Goethestein heißt.

Roßtrappe

Der rätselhafte Hufabdruck

Thale

41 »Die düstere Schöne, die Bode, empfing mich nicht zu gnädig, und als ich sie im schmiededunklen Rübeland zuerst erblickte, schien sie gar mürrisch und verhüllte sich in einem silbergrauen Regenschleier. Aber mit rascher Liebe warf sie ihn ab, als ich auf die Roßtrappe gelangte, ihr Antlitz leuchtete mir entgegen in sonniger Pracht, aus allen Zügen hauchte eine kolossale Zärtlichkeit, und aus der bezwungenen Felsenbrust drang es hervor wie Sehnsuchtseufzer und schmelzende Laute der Wehmut«. Heinrich Heine geriet ins Schwärmen, als er in seinen Reisebildern von der Roßtrappe berichtete. Der Aufstieg auf den Granitfelsen mit den bei genauerem Hinsehen erkennbaren einzelnen Quarzadern und der Blick von oben aus 403 Metern über Meereshöhe müssen den jungen Dichter tief beeindruckt haben. Manche Ortschaft, manche Schöpfung der Natur hatte Heine auf seinen Reisen zu diesem Zeitpunkt bereits gesehen. Damals befand sich der Felsen noch mitten

Roßtrappe

in der Natur, das Berghotel entstand erst Mitte des 19. Jahrhunderts. Für die Menschen aus der Gegend um Thale besaß der Ort seit ewigen Zeiten eine besondere Bedeutung. Davon zeugen die Reste einer steinzeitlichen Burganlage mit dem Namen Winzenburg.

Heute dominieren eher weit gereiste Besucher, wie ein Blick auf die Kennzeichen der hier abgestellten Fahrzeuge verrät. Höchstens zehn Minuten benötigt man für den etwa 700 Meter langen Weg vom erfreulicherweise kostenlosen Parkplatz am Hotel zur Aussichtsplattform. Am Felsvorsprung angekommen findet man leicht die für den Ort namensgebende Vertiefung in Form eines Pferdehufs. Gut vorstellbar, dass die einstigen Bewohner der Steinzeitburg hier ihre Feste feierten, ihre Götter und Geister anriefen. So soll auch der Riesenhufabdruck von Menschenhand geschaffen worden sein. Die Vertiefung könnte den Menschen auf der Winzenburg als eine Art Opferbecken gedient haben. Die Steinzeitburg ist kaum mehr als ein Steinhaufen, doch irgendwie scheinen heidnische Rituale an diesem Ort bis in unsere Zeit lebendig geblieben zu sein, denn so manche Münze wandert in die zumeist mit etwas Regenwasser gefüllte Vertiefung.

Neben dieser Erklärung ranken sich eine ganze Reihe Sagen um den Ort. Allein die Gebrüder Grimm wissen im 1816 erschienenen *Deutschen Sagenbuch* von fünf angeblichen Begebenheiten zu berichten. Darunter findet sich auch jene vom sagenhaften böhmischen König. Dieser versprach seine schöne Tochter einem Riesen zur Frau. Besagte Brunhilde hatte ihr Herz aber bereits einem anderen Jüngling geschenkt. Der König jedoch wollte zu seinem Wort stehen, dass er dem Riesen Bodo gegeben hatte, immerhin war daran der Erhalt seiner Macht geknüpft. Brunhilde widersetzte sich dem Befehl ihres Vaters, ihr Geliebter riet ihr zur Flucht. Die königlichen Pferdeställe waren verschlossen und bewacht, so blieb ihnen zum Entkommen nur der hünenhafte Rappe des Riesen Bodo. Erst half der Geliebte der Prinzessin auf das gigantische Pferd, dann sprang er selbst hinten auf. Bodo bemerkte das Verschwinden der beiden, schwang sich zornig auf das erstbeste Pferd und nahm die Verfolgung auf. Brunhilde und ihr Geliebter kamen in eine scheinbar ausweglose Situation. Vor

Der sagenhafte Abdruck

Gefährliche Distanz

einem tiefen Abgrund blieb das Pferd stehen. Tief unten im Tal rauschte ein Fluss. Der Riese nahte, Brunhilde stieß, so lesen wir es bei Grimm, »mutig dem Rappen in die Rippen. Mit einem gewaltigen Sprung, der den Eindruck eines Hinterhufs im Fels hinterlässt, setzt er über und die Liebenden sind gerettet.« Das Pferd, auf dem Riese Bodo saß, scheiterte an der Distanz. Ross und Reiter stürzten in die Tiefe. Brunhilde verlor beim Sprung ihre Krone. Diese landete im Bodekessel und wird seither von Ritter Bodo bewacht. Auf der anderen Seite des Tals angekommen vollführte Brunhilde Freudentänze, daher soll dieser Sage nach die Bezeichnung »Tanzplatz« stammen.

Zwischen dem sagenhaften Hufabdruck und dem Hexentanzplatz liegt eine Distanz von rund einem halben Kilometer. Dazwischen, fast 200 Meter unterhalb des Felsplateaus der Roßtrappe, bahnt sich die Bode ihren Weg in Richtung der Stadt Thale. Eine Wanderung zwischen beiden Orten hat zwar ihre Reize, erfordert aber aufgrund des auf steilen Wegen zu überwindenden nicht unbeträchtlichen Höhenunterschiedes ein gewisses Maß an Kondition. Wem es an Zeit und Fitness fehlt, dem steht der Sessellift von der Roßtrappe talwärts zur Verfügung.

Hexentanzplatz

Ort mysteriöser Feste

Thale

42 Am bequemsten erreicht man das Plateau des Hexentanzplatzes mit der Bodetalseilbahn, es führen aber auch Wanderwege hinauf. Der dabei zu überwindende Höhenunterschied zwischen der Seilbahn-Talstation und dem höchsten Punkt auf dem Felsen (454 m ü. NN) beträgt 271 Meter. Somit ist es nicht gerade ein gemütlicher Sonntagsspaziergang, dafür aber ein umso intensiveres Erlebnis, auf steilen Pfaden den sagenhaften Ort zu erobern. Die Fahrt mit dem eigenen Auto hinauf ist nicht unbedingt zu empfehlen. Ein Parkplatz am Hexentanzplatz ist zwar vorhanden und wirkt auf den ersten Blick recht großzügig. Doch die Nachfrage nach den Stellplätzen übersteigt – witterungsabhängig – nicht selten das Angebot. Die Parktarife sind zudem recht teuer, wie es eben typisch ist für touristische Hotspots überall auf der Welt. Und der

Blick vom Hexentanzplatz zur Roßtrappe

Jochen Müllers Kunstwerk

Hexentanzplatz gehört nun einmal zu den meistbesuchten Zielen im Harz.

Lebhaftes Treiben herrscht nicht nur auf dem Parkplatz, das ganze Plateau ist nicht gerade ein Ort der Ruhe. Neben Restaurant und Hotel findet sich ein Tierpark. Dort können Vertreter einheimischer Arten bestaunt werden. Unweit davon befindet sich eine Sommerrodelbahn. Kinder und Kind Gebliebene bekommen hier ihre Dosis Adrenalin. Wie der Eingang zu einem Harzer Disneyland wirkt ein auf dem Kopf stehendes Hexenhaus. Unwillkürlich muss ich mir die ratlosen Gesichter der Verantwortlichen in der Baubehörde vorstellen, als diese den ersten Blick auf die Pläne des Architekten warfen.

Ein paar Schritte weiter bietet eine Naturbühne, das Harzer Bergtheater, 1.350 Besuchern Gelegenheit, eine Aufführung vor traumhafter Kulisse unter freiem Himmel zu erleben. Eine Walpurgishalle, 1901 von einem Maler in Auftrag gegeben, sowie das Erlebnismuseum »Harzeum« beziehen sich thematisch mehr oder weniger gekonnt auf den Ort. An der Skulpturengruppe neben dem Parkplatz werden Kameras und Handys gezückt. Touristen von nah und fern fotografieren den dargestellten Versuch einer nackten Hexe, einen Steinkreis zu schließen, während der Teufel mit seinen Kumpanen die Szene beobachtet. Die Schöpfung des Quedlinburger Künstlers Jochen Müller aus den letzten Jahren des 20. Jahrhunderts ist auf dem Weg, sich zum Wahrzeichen des Ortes zu entwickeln.

Etwas stiller wird es hinter dem Berghotel oder dem Harzeum. Den dortigen Aussichtspunkt sollte man sich nicht entgehen lassen, immerhin liegt hier das Highlight des Ortes. Beim Blick ins Bodetal oder hinüber auf die etwa fünfzig Meter tiefer gelegene Roßtrappe erinnert man sich unwillkürlich an Mephistos Worte: »Hörst die die Stimmen in der Höhe? – In der Ferne, in der Nähe? – Ja den ganzen Berg entlang – strömt ein wütender Zaubergesang.« Aus der Sagenwelt des Harzes, der facettenreichen Landschaft, holte sich Goethe die eine oder andere

Inspiration. Und wie der Held in der Faust-Tragödie fühlt sich mancher hin- und hergerissen. Sollte man den alten Legenden respektvoll Glauben schenken? Oder geht man den Hintergründen wissenschaftlich auf den Grund?

Reste der altgermanischen Burg

In grauer Vorzeit waren Hexen wohl so etwas wie gutartige Dämoninnen. Sie beschäftigten sich mit Heilkunde, setzten auf die medizinische Wirkung von Kräutern und schlossen auch auf Aberglauben basierende Rituale in ihre Zeremonien ein. Ihre Kenntnisse auf dem Gebiet der Gesundheitslehre waren der breiten Bevölkerung unbekannt. Die Heilerfolge der Hexen sorgten für Dankbarkeit – aber auch für Verunsicherung. War da Zauberei im Spiel? In der Ära von Karl dem Großen drangen die Franken in das bisher von Sachsen beherrschte Gebiet. Die neuen Machthaber brachten der »heidnischen« Bevölkerung das Christentum nahe. Vermeintliche Hexen landeten in den folgenden Jahrhunderten auf dem Scheiterhaufen. Im Jahr 1752 schrieb Pater Decker vom Kloster Riddagshausen, dass die Sachsen trotz entsprechender Verbote auch weiterhin ihre Feste und Rituale begingen. Verkleidet und mit geschwärzten Gesichtern zögen sie bewaffnet mit Mistgabeln zu Orten, an denen sie sich vor den wachsamen Franken sicher wähnten. Vielleicht lag es an ihrem Aussehen, vielleicht waren es die fremd wirkenden Rituale? Die Leute Karls des Großen waren verunsichert. Bald fanden auf Besen reitende Hexen Eingang in die fantasievoll ausgeschmückten Erzählungen. Diese tanzten den Schnee weg, empfingen den Teufel und feierten ungezügelt. Häufig wird in diesem Zusammenhang vom Brocken als Ort des Geschehens berichtet. Doch dort finden sich keine konkreten Spuren. Anders sieht es dagegen neben der Roßtrappe am Hexentanzplatz aus. Hier fand man unterhalb des Bergtheaters Reste einer altgermanischen Burg.

Das Hexenhaus

Der Ausblick lohnt sich.

Teufelsmühle

Die scheinbare Ruine

Thale Ortsteil Friedrichsbrunn

43 »Es gibt in Europa, vielleicht auf der ganzen Erde, kein Gebirge, welches auf so kleinem Raum eine so große Mannigfaltigkeit von Gesteinen aufweisen kann wie der Harz.« Der Hochschullehrer und Direktor der Bergakademie Clausthal, Albrecht von Groddeck, verweist bereits im Vorwort seines 1871 erschienenen Werkes *Abriss der Geognosie des Harzes* auf die außergewöhnliche Vielfalt geologischen Materials. Mit Ausnahme von kristallinem Schiefergestein und vulkanischem Gestein könne man hier Mineralien aus so ziemlich jeder denkbaren Kategorie finden. »Klassische Quadratmeile der Geologie« wird der Harz mitunter treffend genannt. Am Kern dieser Aussage bestehen keine Zweifel, auch wenn die Forscher uneins sind, wem die Urheberschaft an dieser Wortschöpfung gebührt.

Die Teufelsmühle

Brocken, Wurmberg und Ramberg gehören zu den bedeutenden Granitmassiven. An einigen Stellen finden sich schöne Beispiele der sogenannten Wollsackverwitterung. Diese tritt besonders an Gesteinen mit einer groben Kristallstruktur wie Sandstein oder eben Granit auf. Eindringendes Wasser sorgt für die Zersetzung des Materials in grobe Blöcke, durch ein weiteres Fortschreiten der Verwitterung entstehen die abgerundeten Kanten. Am Ramberg, dem Felsmassiv zwischen Bode und Selke, finden sich einige besonders anschauliche Beispiele für diese Erscheinung. Auf der Viktorshöhe, der mit 581 Metern zweithöchsten Erhebung des Rambergs, regte das dortige Felsgebilde der »Großen Teufelsmühle« seit jeher die Fantasie der Menschen an. In früheren Jahrhunderten, als wissenschaftliche Hintergründe noch weitgehend im Dunklen lagen, blühten wilde Spekulationen. Wie mögen diese zu mehreren Reihen ziemlich regelmäßig in großen Blöcken übereinander geschichteten Granitbrocken in ihre Position gelangt sein? Wie kam es zu dieser Struktur aus geraden Linien und rechten Winkeln? Inzwischen wissen wir: Die Blöcke waren ursprünglich Bestandteil eines großen Massivs. Von einer ganz anderen Theorie der Entstehung der Teufelsmühle berichtet Johann Karl Friedrich Christoph Nachtigal, ein 1753 in Halberstadt geborener Theologe, Schriftsteller und Erzählforscher, in seinem 1800 erschienenen Buch *Oertliche Volkssagen auf der Nordseite des Harzes*. Demnach hatte einst ein Müller am Abhang des Rambergs eine Windmühle erbaut. Der Platz erwies sich jedoch als ungünstig, nicht selten sorgte eine Flaute für einen Stillstand der Flügel. Der Müller suchte nach einer Lösung des Problems. Ideal wäre, so seine Überlegung, wenn die Getreidemühle auf dem Gipfel des Berges stände. Dann wäre fast immer genügend Wind aus irgendeiner Richtung vorhanden, die Mühle könnte öfter und länger in Betrieb bleiben und würde für mehr Gewinn sorgen. Doch zu jener Zeit war es schwierig, Baumaterial auf den Berg hinaufzubringen. Zudem stellte die Sicherung des Bauwerkes gegen extreme Stürme eine Herausforderung dar. Der Teufel bot seine Hilfe an. Nach eingehender Überlegung unterzeichnete der Müller den Pakt und so gingen dreißig Jahre

Luzifers sagenhafter Trümmerhaufen

nach diesem Tag Leib und Seele des Müllers in das Eigentum des Teufels über. Im Gegenzug verpflichtete sich der Leibhaftige, in der Nacht nach der Unterzeichnung eine vollkommene Mühle auf dem Gipfel zu errichten. Der Müller bekam nun doch wieder Zweifel und folgte dem Teufel nur zögerlich, als dieser sein Bauwerk übergeben wollte. Vielleicht ließe sich dem Teufel ja ein Fehler nachweisen und der Vertrag wäre hinfällig? Tatsächlich erkannte der Müller im letzten Moment das Fehlen eines wichtigen Steines. Es half kein Leugnen, der höllische Baumeister musste sein Versäumnis eingestehen und machte sich auf den Weg, den fehlenden Stein zu holen. Doch als er zurückkam, krähte bereits der Hahn und die Nacht war vorbei. »Wütend über den verfehlten Zweck«, so lesen wir bei Nachtigal, »fasste der Teufel das Gebäude, riss Flügel und Räder und Wellen herab, und streute sie weit umher. Dann schleuderte er auch die Felsen, die er hoch bis an die Wolken aufgetürmt hatte, umher, dass sie den ganzen Rammberg überdeckten. Und nur ein kleiner Teil der Grundlage blieb stehen zum ewigen Denkmal an die Teufelsmühle.«

Am nördlichen Ortsrand von Friedrichsbrunn befindet sich ein Parkplatz, von dort erreicht man in einer halbstündigen Wanderung das Trümmergelände. Doch nicht alle Trümmer stammen von der Teufelsmühle. In der Nähe der Reste von Luzifers Mühlenbau findet man auch die Ruinen eines DDR-Ferienheimes.

Königstein

Die steinernen Wüstenschiffe

Thale Ortsteil Westerhausen

44 Westerhausen, ein Dorf mit rund 2.000 Einwohnern, ist seit 2001 ein Ortsteil von Thale. Etwa sieben Kilometer nördlich der Kernstadt gelegen, wurde die Siedlung erstmals vor gut einem Jahrtausend urkundlich erwähnt. Dabei lebten nachweislich schon vor 6.000 Jahren Menschen in der Gegend. Ein Wahrzeichen von Westerhausen sind übrigens zwei liegende Kamele. Die ungewöhnlichen Symbole stehen jedoch nicht für eine landwirtschaftliche Tradition, bei den beiden Wüstentieren handelt es sich um Sandsteingebilde, deren Formen aus größerer Entfernung Ähnlichkeit mit zwei liegenden Kamelen aufweisen. Entstanden sind diese, ähnlich wie die Teufelsmauer, durch Bodenverschiebungen bei der Entstehung des Gebirges. Dabei wurde eine Schichtrippe durch die wirkenden extremen Kräfte an die Oberfläche gedrückt und aufgerichtet. In den folgenden Jahrmillionen wuschen Witterungseinflüsse die Formen aus.

Die beiden Sandsteinkamele thronen auf dem 189 Meter über dem Meeresspiegel gelegenen Königstein nördlich des Ortes und südlich der A36. Schon vor Jahrtausenden diente der Königstein den alten Germanen als Kultplatz. Bis heute konnten noch nicht alle Rätsel um unsere Vorfahren gelöst werden, Vieles aus deren Alltag liegt für uns im Dunklen. Spuren aus jener Zeit wurden gefunden, doch nicht bei allen lieferten Untersuchungen zufriedenstellende Ergebnisse.

Schaut man vom Königstein südwärts, so erkennt man ein hügeliges Waldgebiet. Ernst Ferdinand Yxem, ein Quedlinburger Philologe und Gymnasiallehrer, berichtete in den *Neuen Mitteilungen aus dem Gebiet der historisch-antiquarischen Forschungen*, Band 11, von 1867 von einem dort an verborgener Stelle gefundenen Steinkreis. Dieser befand sich in einem kleinen Tal, das von den Einheimischen Eselstall genannt wird. Dieser Ort war zum Zeitpunkt der archäologischen Tätigkeit

Eines der Steinkamele

unbewaldet, der Boden war lediglich mit Gras und etwas Heide bewachsen. Der gefundene Steinkreis wird als oval beschrieben und soll einen Durchmesser von 120 bis 170 Metern gehabt haben. Die etwa vierzig Steine hatten einen Abstand von zehn bis 18 Metern, in der Mitte befand sich ein etwa vier Meter hoher, größerer Stein. An der Ostseite dieses zentralen Steins fanden die Forscher beim Entfernen des Mooses eine Inschrift. Bislang ist es den Wissenschaftlern nicht gelungen, diese zu entziffern. Nicht einmal eine genauere zeitliche Einordnung war möglich. Heute findet man weder den Stein mit den Runen noch den Steinkreis in seiner Gesamtheit, die Anlage wurde zerstört. Lediglich einzelne Steine liegen noch am ungefähren historischen Standort.

Die Heidepflanze ist genügsam.

Doch auch auf dem Königstein gibt es rätselhafte Dinge zu entdecken. So findet man ein paar runde, jedoch nicht vollendete Steinscheiben mit einem Durchmesser von rund einem Meter. Und wie so oft beim Bekanntwerden derartiger Mysterien bekommt des Volkes Fantasie Flügel. So erzählt man sich vom Teufel, dem sein Vorhaben, das von ihm beanspruchte Reich innerhalb einer Nacht mit einer Mauer abzugrenzen, nicht so recht gelingen wollte. Immer wieder machte ihm die zu früh aufgehende Sonne einen Strich durch die Rechnung. Die Großmutter des Leibhaftigen sah den Versuchen missmutig zu und erzählte ihm, dass es demjenigen gelinge, die Sonne zu beherrschen und Auf- und Untergang festzulegen, der an sieben aufeinanderfolgenden sonnigen Tagen eine Scheibe aus dem Stein schneide. Mehrmals setzte der Teufel an, doch immer wieder beendeten trübe Tage die Serie von sieben Sonnentagen vorzeitig und es gelang ihm nicht, die für den Zauber nötigen sieben Scheiben am Stück zu fertigen. Zornig warf der Teufel seine bis dahin geschnittenen Scheiben fort.

Wissenschaftler sehen die Dinge erwartungsgemäß anders. Nach deren Ansicht handelt es sich bei des Teufels Sonnenscheiben um Mühlsteine, die vor ihrer Vollendung verworfen wurden. Grund dafür soll eine Wabenbildung im Gestein gewesen sein.

Klosterteiche

Das Werk der Mönche

Walkenried

45 Etwa sechs Kilometer östlich von Bad Sachsa liegt Walkenried. 1127, also nur 38 Jahre nach der Ersterwähnung des Ortes im Jahr 1085, erfolgte die Gründung des Klosters. Stifterin war, so erfahren wir bei Wikipedia, eine Adelheid von Walkenried. Diese hatte auf einer Pilgerreise Mönche des Zisterzienserklosters Kamp kennengelernt und ihnen die Besiedelung des Landes um Walkenried angeboten. Die Gründung des Zisterzienserordens selbst lag erst ein paar Jahre zurück. 1098 fanden sich rund zwei Dutzend Mönche im Burgund zusammen, gelobten, ein einfaches Leben, ausgefüllt mit Gebet, Lesung und Arbeit, zu führen. Der Orden fand schnell Anhänger, Walkenried war das dritte Kloster der Zisterzienser auf deutschem Boden. Die Mönche begannen zeitig, das sumpfige Land um ihr neues Kloster urbar zu machen. Waldflächen wurden gerodet, es entstand neben Ackerland eine große Zahl

Kloster Walkenried

an Teichen für die Fischzucht. Für einen Teil der Gewässer bot sich die Nutzung von Erdfallseen an, einige Teiche wurden von den Mönchen zumindest teilweise ausgehoben, an anderer Stelle wurden Dämme angelegt. Eine Legende behauptet, einst seien es 365 Teiche gewesen, damit die Mönche jeden Tag des Jahres einen zum Abfischen hätten. Doch tatsächlich dürften es nur knapp über fünfzig gewesen sein und damit genug, um neben dem Eigenbedarf für die Klosterküche Fisch zu verkaufen und damit die Klosterkasse aufzubessern. Doch schon der Eigenbedarf war nicht zu unterschätzen, denn zur Blütezeit des Klosters im 12. und 13. Jahrhundert galt es, rund hundert Mönche sowie 200 Laienbrüder, also nicht geweihte Angestellte des Klosters, zu verköstigen.

Überall blüht es.

Die Walkenrieder Abtei prägte das Leben in der Region. Neben der Fischzucht betrieben die Mönche Bergbau am Rammelsberg. Mitte des 14. Jahrhunderts begann der Niedergang des Klosters. Der Bergbau stak in der Krise, Pestepidemien wüteten. Für 1509 werden nur noch zwölf Mönche und der Abt als Bewohner des Klosters erwähnt. Die Schulden wuchsen, Bergwerke und Ländereien mussten verkauft werden. Nach Auflösung des Konvents verfiel die Anlage, die einst stattliche Klosterkirche wurde als Steinbruch genutzt. Seit 2010 gehört das Kloster neben dem Bergwerk Rammelsberg, der Göttinger Altstadt sowie der Oberharzer Wasserwirtschaft zum UNESCO Weltkulturerbe. Die Teichlandschaft blieb weitgehend erhalten.

Ein guter Ausgangspunkt für den Besuch der Teichlandschaft ist das Kloster, hier befinden sich ausreichend Parkmöglichkeiten. Am Kloster trifft man auf den bereits erwähnten Karstwanderweg, diesem folgt man Richtung Neuhof. Ein weiterer Parkplatz befindet sich beim Röseteich an der Straße von Walkenried nach Neuhof. Hinter dem Röseteich, einem durch einen von den Mönchen angelegten Damm künstlich vergrößerten Erdfallsee, nimmt der Karstwanderweg eine Steigung und führt durch

Andreasteich

den Wald zur etwa 850 Jahre alten Sachseneiche. Das stattliche Gehölz dürfte hier schon gestanden haben, als die Mönche mit Hacke und Schaufel die Teichlandschaft formten.

Viele der Teiche sind sehr flach, bei einigen wie dem Hirseteich kann man eine beginnende Verlandung beobachten. Andere, wie der Sackteich, wurden in den letzten Jahren Sanierungen unterzogen und vom Schlamm befreit. Der Priorteich wiederum wird trotz des Fischbestandes gern von Badegästen besucht, an dessen Nordufer befindet sich ein Freibad. Am Pontelteich sollte man dagegen immer etwas wachsam sein. Dort, so berichtet eine alte Sage, zeigt sich alle siebzig Jahre ein Gerippe an der Wasseroberfläche. Wer es erlöst, wird reich beschenkt. Bisher gelang dies noch niemandem, außerdem kann keiner so genau sagen, wann die siebzig Jahre mal wieder um sein werden.

Das Gebiet um Priorteich und Sachsenstein steht unter Naturschutz, ebenso der Itelteich, der größte der Walkenrieder Klosterteiche. Der Reiz der Teichlandschaft liegt in der Vielfalt, kein Teich gleicht dem anderen. An einigen Uferbereichen finden sich Laubmischwälder. Rotbuchen, Sommerlinden, Eschen und Bergahorn breiten unter anderem ihre Kronen aus. In den Strauchschichten gedeihen heimische Orchideenarten. An einigen flachen Uferzonen finden sich Sumpfpflanzen und an den Itelteich wiederum grenzt ein Bruchwald, der hier zu findende Erlenbestand ist ein permanent nasser Sumpfwald. Auch seltene Tierarten sind an den Klosterteichen beheimatet. So sind hier zum Beispiel der Feuersalamander oder der Uhu zu beobachten. Ein wenig Zeit und Muße sollte man zur Entdeckung der Vielfalt mitbringen. Es gibt genügend Wanderwege.

Kastanienwäldchen

Kulinarische Besonderheit

Wernigerode

46 Im frühen 12. Jahrhundert wurde erstmals ein Graf auf der Burg von Wernigerode in einer Urkunde erwähnt. Die Geschichte der Burg und der zugehörigen Siedlung dürfte noch weiter zurückliegen, genaue Einzelheiten sind jedoch nicht bekannt. Über die Jahrhunderte erlebten Schloss und Stadt eine wechselvolle Geschichte. Heute ist Wernigerode Heimat für etwa 32.000 Menschen. Die »bunte Stadt am Harz«, wie Heidedichter Hermann Löns sie nannte, kann über Besuchermangel nicht klagen. Ein Anziehungspunkt ist dabei der Marktplatz, das dort befindliche, in Fachwerkbauweise errichtete Rathaus gilt als eines der schönsten in Deutschland. Das zweite Wahrzeichen der Stadt ist eben jenes auf einer Erhebung oberhalb des Zentrums gelegene Schloss. Von der ursprünglichen Bausubstanz der mittelalterlichen Burg ist kaum etwas

Schloss Wernigerode

erhalten. Mit dem Aussterben des Wernigeroder Grafengeschlechts im 15. Jahrhundert verlor die Anlage an Bedeutung. Die Grafschaft fiel der am nächsten verwandten Linie zu, für die nunmehr zuständigen Grafen zu Stolberg hatten Schloss und Stadt eine untergeordnete Bedeutung. Das änderte sich erst 1710. In diesem Jahr besann sich Christian Ernst zu Stolberg-Wernigerode seiner familiären Tradition und verlegte seinen Lebensmittelpunkt von Ilsenburg nach Wernigerode. Daraufhin wurde das auf 350 Meter über Meereshöhe und gut hundert Meter oberhalb des Marktplatzes gelegene Gebäudeensemble einem grundlegenden Umbau unterzogen. Sein Enkel, der 1746 geborene Christian Friedrich zu Stolberg-Wernigerode, übernahm ein weitgehend fertiggestelltes, damals modernes barockes Schloss. Der angrenzende Lustgarten präsentierte sich, ebenfalls dem Zeitgeist folgend, im barocken Stil.

Christian Friedrich galt als kunstsinniger Regent, auf dessen Initiative auch die Anlage des Kastanienwäldchens zurückgeht. 1790 wurde ein etwa 1,7 Hektar großes Grundstück mit Edelkastanien bepflanzt. Die Edel- oder Esskastanie ist vor allem im Mittelmeerraum sowie in Regionen mit ähnlichen klimatischen Bedingungen beheimatet. Auch in Deutschland gibt es einige Vorkommen, so zum Beispiel in der Pfalz, dem Schwarzwald oder dem Taunus. Christian Friedrich pflanzte an einem Nordhang acht Jahre alte Exemplare der Baumart. Die Bäume wurden ursprünglich in regelmäßigen Abständen in Reihe gesetzt, durch spätere Nachpflanzungen ging die Symmetrie jedoch weitgehend verloren. Das zu den größten zusammenhängenden Esskastanienvorkommen im nördlichen Mitteleuropa gehörende Gebiet lieferte bereits nach wenigen Jahren eine reiche Ernte. Die Früchte bereicherten den Speisezettel der gräflichen Tafel.

Das 19. Jahrhundert war für das Grafengeschlecht eine glanzvolle Ära. Otto zu Stolberg-Wernigerode, der Urenkel von Christian Friedrich, schlug eine politische Laufbahn ein. Vom einfachen Abgeordneten im Norddeutschen Reichstag brachte er es bis zum Vizekanzler und Stellvertreter Bismarcks. Zudem galt er als enger Vertrauter des Habsburger Kaisers Franz Joseph I. Denkbar ist also, dass auch die eine oder andere

Lieferung der unverarbeitet recht leicht verderblichen Esskastanien aus Wernigerode den Weg auf die Tafeln der höchsten Repräsentanten aus Politik und Adel fand. Otto wurde von Kaiser Wilhelm II. zum Fürsten erhoben. Wirtschaftlicher Erfolg blieb nicht aus, das Schloss konnte aufwändig umgebaut werden, immerhin musste das »Neuschwanstein des Harzes« repräsentativen Ansprüchen gerecht werden. Zur gleichen Zeit etwa wurden im Kastanienwäldchen ergänzende Pflanzungen vorgenommen.

Spenden Schatten und Früchte: Esskastanien

Heute ist das Schloss ein Museum, das Kastanienwäldchen ging in städtischen Besitz über. In den 1980er Jahren wurden die Büsche zwischen den Bäumen beseitigt. Seither lassen sich die eigensinnigen Bäume, die sich an keine Wuchsnorm zu halten scheinen, in voller Schönheit bewundern. Die Edelkastanien erwachen in der Regel etwas später aus der Winterruhe, behalten dafür im Schnitt länger das Laub. Die Früchte reifen auch etwas später als bei den »normalen« Kastanien. Gegenwärtig zählt das Wäldchen noch etwa hundert der stattlichen Bäume, in besten Zeiten waren es fast doppelt so viele. Für Besucher empfiehlt es sich, den Parkplatz am Lustgarten zu nutzen. Nicht wenige Spaziergänger freuen sich an den Bäumen im Wandel der Jahreszeiten. Zur Reifezeit der Früchte sind in der Regel ein paar mehr unterwegs, einige Kastanien finden den Weg in die Küche von ambitionierten Hobbyköchen.

Menhire bei Benzingerode

Hinkelsteine an der Autobahn

Wernigerode Ortsteil Benzingerode

47 Für den geplanten Bau der heutigen A36 nahmen die Archäologen umfangreiche Geländeuntersuchungen vor. Dabei machten die Wissenschaftler im Jahr 2001 eine bedeutsame Entdeckung. Unter der Erde kam eine außergewöhnlich gut erhaltene Grabanlage aus der Jungsteinzeit zum Vorschein. Veit Dresely liefert dazu auf der Homepage des Landesmuseums für Vorgeschichte spannende Details.

Grabhügel sind für Archäologen eine wichtige Informationsquelle. Während Reste von Wohnanlagen Rückschlüsse auf den Alltag der damaligen Bewohner ermöglichen, berichten Grabstätten von einstigen Vorstellungen des Jenseits, aber auch von medizinischen Kenntnissen. Eine vereinfachte Darstellung der äußeren Form des gefundenen Grabes befindet sich am Rastplatz Regensteinblick der A36. Daneben

Der Menhir von Benzingerode

Der Menhir von Heimburg

Der Menhir von Derenburg

wurden mit Pfählen die Umrisse eines ebenfalls freigelegten Fundaments eines Langhauses angedeutet.

Trotz dieser Funde bleibt das Rätsel um die in der Nähe befindlichen drei Menhire weitgehend ungeklärt. Der erste sogenannte Menhir von Benzigerode ist vom namensgebenden Ort aus auf der Straße Richtung Silstedt nach Überquerung der Autobahn zu erreichen. Nach der Brücke biegt man dazu ostwärts in Richtung des Rastplatzes auf einen Feldweg ein. Dieser insgesamt rund viereinhalb Meter hohe Stein (davon ragen etwa 3,75 Meter aus der Erde) befindet sich im Gegensatz zu den beiden anderen noch an seinem ursprünglichen Platz. Geschätzt einen Kilometer östlich davon steht der Menhir von Derenburg. Dieser drei Meter hohe Stein erinnert in seiner Form mit etwas Fantasie an eine Hand. Mitte des 19. Jahrhunderts sah der damalige Eigentümer des Grundstücks in dem Stein ein Hindernis für die Feldarbeit und versetzte ihn um einige Meter. Dabei wurde offenbar wenig Wert auf den Untergrund gelegt und der Menhir geriet in Schieflage. Während des Straßenbaus wurde die Gelegenheit genutzt und der gut sieben Tonnen schwere Stein mit der einmal vor Ort befindlichen schweren Technik wieder aufgerichtet.

Um ihn besser sichtbar zu machen, entschloss man sich, ihn um neunzig Grad zu drehen. Der dritte, wie die beiden anderen ebenfalls aus Quarzit bestehende Menhir von Heimburg genannte Stein befindet sich nur etwa 150 Meter von der Derenburger »Hand« entfernt. Die dazwischen liegende Autobahn behindert jedoch die Sicht vom einen zum anderen. Beim Heimburger Menhir ist nicht sicher, ob es sich um den Originalstein handelt. Vor gut hundert Jahren wurde der ursprüngliche Menhir von seinem Platz entfernt, über seinen Verbleib gibt es keine gesicherten Erkenntnisse. Der heute am Ort befindliche Stein wurde zufällig entdeckt. Man vermutet, dass dieser Quarzitblock, bevor er jahrzehntelang achtlos hinter einer Scheune lag, in irgendeiner Form schon einmal als Menhir gedient hat. Die Menhire von Derenburg und Heimburg erreicht man von Benzingerode aus über die Straße nach Heimburg. Ein paar hundert Meter hinter dem Ortsausgang biegt man in einen Plattenweg ein. Nach etwa 600 Metern gabelt sich der Weg, der rechte Abzweig führt zu dem ein wenig versteckt zwischen Büschen liegenden Heimburger Menhir. Zum Derenburger Menhir gelangt man, indem man die etwa 200 Meter zur Gabelung zurückkehrt, die Autobahn überquert und sich gleich danach rechts hält. Die genauen GPS-Daten lassen sich auf Wikipedia nachlesen.

Die Bedeutung der Menhire gehört zu den Dingen aus der Vergangenheit, die nach wie vor voller Rätsel sind. Dienten sie einst als Orte ritueller Handlungen? Wurde hier verstorbenen Menschen oder rätselhaften Gottheiten gedacht? Oder handelt es sich lediglich um Grenzsteine? Denkbar ist weiterhin, dass es sich um Landmarken zur Orientierung in der Gegend handelte. Das Wort »Menhir« bringt auch keine wirkliche Erklärung. Es stammt aus dem Bretonischen und steht in seiner Bedeutung für »Langstein«.

Es kann jedoch davon ausgegangen werden, dass es für die Aufstellung der Menhire triftige Gründe gab. Denn unter Berücksichtigung der damaligen technischen Möglichkeiten stellte das Platzieren eines Steines dieser Größenordnung für die Menschen in der Steinzeit eine echte Herausforderung dar.

Steinerne Renne

Die wilde Holtemme

Wernigerode Ortsteil Hasserode

48 Eisenbahnfreunde kommen gern in den Harz. Fans historischer Dampflokomotiven finden hier eines der letzten großen Abenteuer weltweit. Zum Einsatz kommen die qualmenden Stahlrösser auf den Gleisen der Harzer Schmalspurbahnen, das gesamte Netz umfasst hierbei rund 140 Kilometer. Reisende können an den Bahnhöfen Wernigerode, Nordhausen oder Quedlinburg von Zügen der Normalspur bequem in die Bahnen auf der Meterspur umsteigen.

Für schmalere Spurweiten entschied man sich beim Streckenbau in der Regel vor allem aufgrund der geringeren Kosten. Gerade im Harz dürfte aber auch die leichtere Erschließung topografisch anspruchsvollen Geländes eine Rolle gespielt haben. Das gegenwärtig von der 1993

Die Holtemme

Eisenbahnnostalgie im Harz

gegründeten Harzer Schmalspurbahnen GmbH betriebene Netz entstand durch Zusammenlegung von drei ursprünglich eigenständigen Strecken. Jede dieser drei wurde von einer eigenen Gesellschaft errichtet und in den Anfangsjahren betrieben. 1887 eröffnete die erste Teilstrecke durch das Selketal. An der Schwelle zum 20. Jahrhundert folgte die Harzquerbahn und die Strecke zum Brockenplateau. Auch wenn der Güterverkehr zu allen Zeiten einen nicht unwesentlichen Anteil an der Beförderungsleistung einnahm, steht heute der touristische Verkehr im Mittelpunkt. Ungewöhnlich ist dennoch, dass für ein Naturdenkmal ein eigener Bahnhof eingerichtet wurde. An der Harzquerbahn, der sechzig Kilometer langen Verbindungsstrecke zwischen Nordhausen und Wernigerode, halten die Züge bei Kilometer 54,6 am Bahnhof Steinerne Renne. Es gibt für Wanderer, die von hier aus den wildromantischen Talabschnitt der Holtemme erkunden wollen, wohl keine schönere Form der Anreise. Schon die Bahnfahrt ist Entschleunigung pur. Nun warten zwei Kilometer bergauf entlang des Flusses darauf, bezwungen zu werden. Insgesamt legt die Holtemme zwischen ihrer Quelle und der Mündung in die Bode etwa 47 Kilometer zurück, doch die Strecke zwischen dem Bahnhof Steinerne Renne und dem Hotel gehören zweifellos zu den schönsten. Als Alternative steht ein Parkplatz ein paar hundert Meter vom Bahnhof entfernt zur Verfügung.

Der Weg durch das schmale Tal ist gut ausgeschildert. Die Holtemme ist hier kaum mehr als ein Gebirgsbach, das Wasser bahnt sich seinen Weg, trotzt den reichlich vorhandenen Hindernissen aus Granit. Kleine Wasserfälle folgen auf Stromschnellen, der Höhenunterschied beträgt auf zwei Kilometern Distanz immerhin rund 250 Meter. Bei einer Wanderung entlang der Schlucht gehört unbedingt die Kamera ins Gepäck, denn auch weniger erfahrenen Fotografen gelingen hier eindrucksvolle Aufnahmen. Um die Energie des Wassers zu nutzen, baute man etwa zeitgleich mit der Bahnstrecke ein Wasserkraftwerk. Dieses gilt heute als ein technisches Denkmal.

Die Steinerne Renne gehörte bereits im 19. Jahrhundert zu den meistbesuchten Zielen des Harzes. Es verwundert daher nicht, dass bereits 1868 eine erste gastronomische Einrichtung am oberen Ende der Schlucht den Wanderern zur Verfügung stand. Graf Otto zu Stolberg-Wernigerode erteilte die Genehmigung, ein lokaler Gastwirt konnte den Ausschank übernehmen. In den Anfangsjahren diente dazu eine nicht heizbare Holzhütte, die Bewirtschaftung war somit nur im Sommerhalbjahr möglich, das Sortiment zudem beschränkt. Die Pächter wechselten, 1898 wurde nach einem Umbau das Hotel eröffnet. 1941 kam es aufgrund des Krieges zur Schließung. In der DDR-Ära wurde das Haus zunächst von der staatlichen HO als Hotel weitergeführt. Etwa ab den 1970er Jahren diente das Gebäude als Betriebsferienheim, nur die Gaststätte blieb öffentlich. Nach der Wende stand das Haus einige Jahre leer, wurde anschließend saniert und empfängt heute wieder Übernachtungs- und Speisegäste. Und eine Rast an dieser Stelle tut durchaus gut, denn wer einmal den Aufstieg vom Bahnhof zum Hotel zurückgelegt hat, sollte noch den gut einen Kilometer langen ausgeschilderten und relativ ebenen Weg zum Ottofelsen einplanen. Die Granitformation erhebt sich etwa 36 Meter über die Umgebung. Über Leitern (nicht barrierefrei) zu erreichen, hat man vom 620 Meter über Meereshöhe gelegenen Gipfel einen traumhaften Rundumblick. Für den Rückweg geht es dann immerhin bergab.

Mönchstein

Geheime Zeichen der Schatzsucher

Wernigerode Ortsteil Schierke

49 Manche Dinge fordern einfach Missverständnisse heraus. Der Mönchstein in der Nähe des Wernigeroder Ortsteils Schierke trägt seinen Namen eigentlich zu unrecht. Der Granitfelsen, der nicht einmal mannshoch aus dem Boden ragt, zeigt eine in den Stein geritzte Abbildung, die einen Mönch darzustellen scheint. Doch Forschungen haben ergeben, dass es sich in Wirklichkeit um von Walen angebrachte Markierungen handelt. Walen oder Venezianer nannte man seinerzeit Reisende aus dem Mittelmeerraum, die auf der Suche nach Rohstoffen umherzogen.

Im 15. Jahrhundert war das Leben im Harz alles andere als einfach. Der Bergbau stak in einer Krise. Das für den Abbau der Erze notwendige immer tiefere Vordringen in die Erde stellte die Bergleute vor

Der Mönchstein

Herausforderungen, die sich mit den technischen Möglichkeiten der damaligen Zeit kaum bewerkstelligen ließen. Das Holz wurde knapp, ganze Waldbestände wurden gerodet. Zudem war die Angst vor dem »Schwarzen Tod« allgegenwärtig, die Pest raffte Mitte des 14. Jahrhunderts etwa die Hälfte der Gebirgsbevölkerung dahin. Die Ära war im Harz von Not und Armut geprägt. Anders sah die Situation jenseits der Alpen aus. Venedig beispielsweise war eine wirtschaftlich und politisch bedeutende Stadt. Trotz Konflikten mit den osmanischen Herrschern einerseits und der nach der Entdeckung Amerikas einsetzenden Verlagerung des Welthandels an den Atlantik andererseits blühten Handel und Wandel in der Lagunenstadt an der Adria. Ein wichtiger Wirtschaftszweig der Venezianer war neben dem Schmuckhandwerk die Glasherstellung. Bekannt hierfür ist Murano. Auf die gut einen Kilometer nördlich der Altstadt Venedigs gelegene Inselgruppe wurden die meisten der Brennöfen der Glasmacher verlegt. Neben Brandschutzgründen dürfte die Angst vor den an den handwerklichen Geheimnissen interessierten Spionen ein Grund für die Standortwahl gewesen sein.

Groß war der Rohstoffbedarf der Glasmacher. Somit zogen der Mineralogie kundige Reisende auf der Suche nach neuen Erzlagerstätten in ganz Europa umher, Ziele waren hierbei nicht zuletzt die Bergbaugebiete nördlich der Alpen. Auch im Harz waren immer wieder Venezianer unterwegs. Die Fremden mit ihrem südländischen Aussehen wurden von der einheimischen Bevölkerung mit einer Mischung aus Misstrauen und Neugier empfangen. Echte Kontakte kamen jedoch nicht zustande, statt miteinander wurde übereinander geredet. Sprachbarrieren erschwerten zudem die Verständigung. Nachrichten über die Fremden aus zweiter und dritter Hand wurden erst zu Halbwahrheiten und Gerüchten und letztlich zu Sagen. Die Venezianer benötigten für ihre Auftraggeber unter anderem Informationen über Lagerstätten von kobalt- und manganhaltigen Erzen. Die Ergebnisse ihrer Geländeuntersuchungen hielten sie in Notizbüchern oder durch das Anbringung von Zeichen an markanten Felsen fest. Bei diesen Markierungen

Die restaurierten Markierungen am Mönchstein

handelt es sich um ein mehr oder weniger einheitliches System an Symbolen, den sogenannten Walenzeichen.

Der Mönchstein in der Nähe von Schierke ist nicht der einzige Ort, an dem sich diese Zeichen bis heute erhalten haben. Weitere Spuren hinterließen die Venezianer im Tal der warmen Bode nördlich von Braunlage oder am Kloster Wendhusen. Einfach zu finden ist der Mönchstein nicht, entsprechende Hinweisschilder fehlen. Hilfreich zum Auffinden dürften auch die bei Wikipedia nachzulesenden Koordinaten sein. Man erreicht den Stein am besten von Schierke aus über die alte Brockenstraße. Ein paar hundert Meter nach dem Bahnübergang biegt ein kleiner, nicht ausgeschilderter Weg ab. Der Stein selbst ist gut durch die farbliche Markierung, aber auch durch die davor befindliche Hinweistafel zu erkennen, vor einigen Jahren wurden die eingeritzten Konturen auf diese Weise besonders hervorgehoben.

Brocken

Ganz oben

Wernigerode Ortsteil Schierke

50 »Ich will Ihnen entdecken (sagen Sie's niemand), dass meine Reise auf den Harz war, dass ich wünschte, den Brocken zu besteigen, und nun, Liebste, bin ich heut' oben gewesen, ganz natürlich, ob mir's schon seit 8 Tagen alle Menschen als unmöglich versichern«.

Die Eindrücke des Aufstiegs waren noch frisch, als Goethe am 11. Dezember 1777 an Charlotte von Stein schrieb. Dreimal bestieg der weitgereiste Dichter den nach neuesten Messungen 1.141 Meter hohen Brocken. Die eben erwähnte erste seiner Besteigungen galt als Pionierleistung. Es ist nicht bekannt, dass zuvor jemand im Winter auf dem höchsten Harzgipfel war. Ein Gedenkstein erinnert an den Dichter, die Harzreise im Winter zeugt von den Wirkungen der Unternehmung auf die Seele Goethes.

Damals hatte die Besteigung des Brockens den Hauch eines Abenteuers, komfortable Wege waren noch nicht angelegt. Zuverlässige Angaben über die erste Besteigung fehlen, die Quellen widersprechen sich.

Der bequemste Weg auf den Gipfel

Vielleicht war Johannes Thal, ein Stolberger Arzt, 1572 der erste Mensch, der seinen Fuß auf den Brocken setzte. Möglicherweise kam ihm aber auch ein unbekannter Abenteurer zuvor. Die erste Schutzhütte stand 1736 auf dem Plateau. Im Jahr 1850 brachte der damalige Brockenwirt Eduard Nehse eine Sammlung mit ausgewählten Eintragungen des Brockenstammbuches seit Mai 1753 heraus. Wie darin zu lesen ist, wurden im gesamten Jahr 1754 lediglich 198 Gipfelstürmer gezählt. Gegenwärtig liegt die jährliche Besucherzahl bei weit über einer Million.

Bekannte Namen finden sich unter den Bezwingern von Norddeutschlands höchstem Berg. Heinrich Heine blieb im Rahmen seiner Harzreise über Nacht und brachte seine subjektiven Empfindungen später zu Papier. Carl Friedrich Gauß wiederum hatte rein wissenschaftliche Interessen und führte dort umfangreiche Berechnungen durch. Seit 1865 sammelt die Wetterwarte auf dem Gipfel unermüdlich Daten. Einst mussten dazu mehrere Mitarbeiter rund um die Uhr die Geräte ablesen. Zunehmend werden die Werte automatisch erfasst. Und die Wetterdaten hier oben sind alles andere als langweilig. Rasch ändert sich das Zusammenspiel von Wind, Niederschlag, Sonne und Wolken. Die in einschlägigen Reiseführern gepriesene grandiose Fernsicht bleibt vielen Touristen verborgen, an im Schnitt vier von fünf Tagen hüllt sich der Berg in Wolken und Nebel. Im Sommer klettern die Temperaturen kaum über 15 Grad, im Winter sind zweistellige Minusgrade keine Seltenheit. Dazu weht meist reichlich Wind – im Schnitt mehr als anderswo im Land. Sturm im Zusammenwirken mit Schnee sorgt im Winter für Verwehungen. Da im Harz Geister, Hexen und Teufel beheimatet sind, sei an dieser Stelle das Brockengespenst erwähnt. Dieses ist im Gegensatz zu manch anderen Schöpfungen dichterischer Fantasie durchaus real. Erstmals wurde dieses Phänomen vor gut 200 Jahren beobachtet. Sollte auf dem Brocken doch einmal die Sonne scheinen, kann es passieren, dass Ihr Schatten auf eine gegenüberliegende Nebelwand geworfen wird. Erschrecken Sie nicht, wenn sich dieser Schatten plötzlich zu bewegen beginnt, auch wenn Sie selbst still stehen. Die scheinbare Bewegung des Schattens lässt sich mit der Veränderung der Position der Nebelwand erklären.

Aufstieg zum Brocken

Wie schon erwähnt befördert die Brockenbahn seit 1899 Touristen auf den höchsten Berg des Harzes. Die Trasse beginnt am Bahnhof »Drei Annen Hohne« und zweigt hier von der Harzquerbahn ab. Gemächlich dampft der Zug bergauf. Für die rund 19 Kilometer lange Strecke benötigt er etwa eine Dreiviertelstunde. Die Fahrpreise scheinen sich dabei nach Minuten zu berechnen.

Nach dem Zweiten Weltkrieg wurde der Brocken zum Sehnsuchtsort. Jahrelang durften keine zivilen Besucher hinauf. Das Gipfelplateau wurde zum militärischen Sperrgebiet, eine gut zwei Kilometer lange Mauer grenzte das Areal von der übrigen Welt ab. Nach der Wende verschwand die Grenze, die rund vier Jahrzehnte den Harz, Deutschland, ja sogar Europa trennte. Nichts steht einem Aufstieg zum Brocken mehr im Weg. Zeugnisse der Vergangenheit wurden zur Mahnung erhalten, die »Stasi-Moschee« dient heute musealen Zwecken. Einst wurde in dem Kuppelbau der westliche Funkverkehr abgehört, heute liefern die Ausstellungsflächen Wissenswertes über Berg und Gebirge. Zugegeben, wegen der Architektur kommt niemand auf den Brocken. Das Hotel wurde auf den Resten eines Funkturms aus den 1930er Jahren errichtet und ohne den rot-weißen modernen Mast daneben wäre unser Land wohl heute um ein Funkloch reicher.

Das Brockenplateau lässt sich hervorragend über den etwa anderthalb Kilometer langen Rundweg erkunden. Informationen über die Pflanzenwelt im Gebirge vermittelt der nach dem Abzug des Militärs neu angelegte Brockengarten. Das gesamte Gebiet um den Brocken ist übrigens Bestandteil des 247 Hektar großen »Nationalparks Harz«, der 2006 durch die Zusammenlegung zweier entsprechender Vorgängereinrichtungen der Länder Niedersachsen und Sachsen-Anhalt entstand. Eines der Nationalpark-Infozentren befindet sich direkt auf dem Brocken. Ein bisschen Hintergrundwissen ist durchaus vorteilhaft. Andere scheinen weniger vorbereitet. Ein (angeblicher) Eintrag ins Brockengipfelbuch aus dem Jahr 1824 soll lauten: »Viele Steine, müde Beine, Aussicht keine, Heinrich Heine«.

Bildnachweis

Alle Fotos stammen von Barbara Gerlach außer:

Dihé, Pascal, www.dihe.eu: S. 76 | Duckeck, Jochen, www.showcaves.com/german/jochen.html: S. 149, 150, 152 | Jentsch, Günter, Bildrechte HEZ: S. 17, 18, 19 (beide)pixabay: S. 57, 58, 60 | Reichel, J., Tropfsteinhöhlen Rübeland: S. 126, 128 rechts Wikipedia: S. 10, 61, 62: Herbert Weber, Hildesheim / CC BY-SA, http://creativecommons.org/licenses/by-sa/4.0 | S. 16: Losch / CC BY-SA 3.0, https://commons.wikimedia.org/w/index.php?curid=16400388 | S. 35: Jurec Germany, http://creativecommons.org/licenses/by-sa/4.0 | S. 44 links: C. Mezzo-1 / CC BY-SA, http://creativecommons.org/licenses/by-sa/3.0 | S. 46: JuTe CLZ /Public domain | S. 48, 50, 52, 53 unten, 77, 78, 98: Kassandro, http://creativecommons.org/licenses/by-sa/3.0 | S. 53 oben: Ra'ike / CC BY-SAn 3.0, http://creativecommons.org/licenses/by-sa/3.0 | S. 59: Gottfried Hoffmann, http://creativecommons.org/licenses/by-sa/3.0 | S. 64, 65: Lanzi / CC BY, http://creativecommons.org/licenses/by/3.0 | S. 66: Atu60, http://creativecommons.org/licenses/by-sa/4.0 | S. 67: Celsius at wikivoyages shared, http://creativecommons.org/licenses/by-sa/3.0 | S. 71: Gavailer, http://creativecommons.org/licenses/by-sa/4.0 | S. 72 rechts: Norbert Kaiser, http://creativecommons.org/licenses/by-sa/3.0 | S. 75: C.Mezzo-1 at de wikipedia / public domain | S. 79: Hejkal, http://creativecommons.org/licenses/by-sa/3.0 | S. 80: Frank Bothe, http://creativecommons.org/licenses/by-sa/4.0 | S. 82 links, 184, 186: Olaf Meister, http://creativecommons.org/licenses/by-sa/4.0 | S. 82 rechts: Wikimedia Commons, Mario9999 / public domain | S. 97: Wikimedia Commons, Axel Hindemith Modified by -iha- / public domain | S. 99: Unicorncave, http://creativecommons.org/licenses/by-sa/4.0 | S. 100: Wikimedia Commons, Johann Heinrich Ramberg, public domain | S. 104, 105, 107 beide: Ragnar1904, http://creativecommons.org/licenses/by-sa/4.0 | S. 135: Wikimedia Commons, AxelHH / public domain | S. 159: Laura Höppner, http://creativecommons.org/licenses/by-sa/4.0 | Cover (großes Bild) und S. 162: I.ArtMechanic, http://creativecommons.org/licenses/by-sa/4.0 | S. 178: Mjehnichen, http://creativecommons.org/licenses/by-sa/3.0 | Winzer, Detlef: S. 37 links, 38, 39, 157

Umschlagfotos

Die Fotos auf dem Umschlag gehören zu folgenden Kapiteln (von links nach rechts):

Titelseite
Großes Foto: Hexentanzplatz (Thale), S. 162
Steinerne Renne (Wernigerode), S. 181
Schmetterling (Thale), S. 153
Hamburger Wappen (Blankenburg), S. 42

Rückseite
Höllteich (Walkenried), S. 172
Hermannshöhle (Rübeland), S. 126
Regenstein (Blankenburg), S. 35

Die Deutsche Nationalbibliothek verzeichnet diese Publikation
in der Deutschen Nationalbibliografie;
detaillierte bibliografische Daten sind im Internet über
http://dnb.d-nb.de abrufbar.

www.steffen-verlag.de
info@steffen-verlag.de

Herstellung: Steffen Media, Friedland – Berlin – Usedom
www.steffen-media.de

ISBN 978-3-95799-106-5